现代生态养殖系列丛书

南美白对虾生态养殖

主　　编◎廖伏初　汤江山

编写人员◎洪　波　丁德明　万译文

　　　　　肖　维　廖凯龙

U0339384

湖南科学技术出版社

内容简介

《南美白对虾生态养殖》针对目前南美白对虾养殖成功率低，根据南美白对虾的生物学特点，从优质种苗、生态养殖及应急防治等角度出发，总结出养殖生产实践中的一些先进经验，结合南美白对虾养殖最新成果，重点介绍了先进、实用、易掌握的南美白对虾池塘养殖、池塘综合种养、稻田综合种养等生态养殖模式及实用技术，并对一些危害较大的病害防治方法进行了介绍。本书可供广大对虾养殖从业者指导生产使用，也可供水产养殖专业的师生、有关科技人员及管理人员参阅。

目　录

第一章　概　述

　　南美白对虾俗称白肢虾、白对虾、白虾，曾翻译为万氏对虾、凡纳滨对虾。原产于南美太平洋沿岸，以厄瓜多尔沿岸的分布最为集中，是当今世界养殖对虾产量最高的三大品种之一。外形酷似中国对虾、墨吉对虾，平均寿命至少可以超过 32 个月。南美白对虾成体最长可达 24 厘米，甲壳较薄，正常体色为浅青灰色，全身不具斑纹。步足常呈白垩状，故有白肢虾之称。南美白对虾属于广温广盐性热带虾类，海水繁殖，在海水、半咸淡水及淡水中均可生长。

　　南美白对虾营养丰富，口味鲜美，食用方便，可烹制多种佳肴及制作多种休闲、风味食品，含有丰富的蛋白质，同时含有丰富的钙、镁、锌、磷、钾、碘等微量元素和维生素 A、甲壳素等有益人体健康的功能成分，是促进人类健康长寿的优质高效食品，具有美容养颜和益气滋阴等功效。虾中富含牛磺酸，能降低人体的血清胆固醇，对预防代谢综合症具有一定的食疗作用，虾中富含微量元素锌，可以改善人体因缺锌所引起的生长障碍、味觉障碍、皮肤不适以及精子畸形等病症。因此，南美白对虾是一种难得的食源性保健佳品。

一、我国南美白对虾的养殖概况

　　南美白对虾肉质鲜美，出肉率高达 67％，消费方便，适温范围广，可在 18～32℃生长，适盐范围也广，可在盐度 0～45‰条件下生存，较适生长盐度范围为 0.5‰～35‰，是一种优良的淡水养殖品种。南美白对虾生长快，抗病能力强，现已逐渐成为我国南方的主要养殖虾种，渔业产业结构调整的重要养殖品种之一。目前，南美白对虾养殖发展迅速，养殖产量占我国对虾养殖量的 70％以上，在池塘养殖、集约化养殖的基础上，根据南美白对虾生物学特性及养殖生产周期短的特点，涌现出了南美白对虾池塘综合种养、稻田轮作种养等养殖新模式，产生了较好的生态养殖效果，均取得了较好的经济效益、生态效益和社会效益。

1. 养殖现状

1988 年 7 月，中国科学院海洋研究所从美国夏威夷引进南美白对虾，1992 年 8 月人工繁殖获得了初步的成功，1994 年通过人工育苗获得了小批量的虾苗，到 2000 年以后南美白对虾在我国大规模推广养殖。目前，南美白对虾经历了数年大规模高密度养殖，如今养殖状况堪忧，传统南美白对虾养殖区域，经历了多年养殖实践，已初具规模，养殖必需品和管理技术逐渐发展完善，但失败率也是居高不下。南美白对虾池塘养殖成功率较低，截至 2017 年全国成功率平均只有 20％～30％，失败原因是多方面的，包括养殖环境、苗种退化、养殖技术等方面。以近三年各区域养殖为例：2015年，广西是南美白对虾养殖低靡重灾区，全区域综合养殖成功率不到 10％，养殖的高风险直接导致近年来养殖户的流失，广西地区南美白对虾养殖冷清，空塘现象比较普遍，养殖户为降低养殖风险，投苗密度也有所下降，搭配罗非鱼、叉尾鮰等混养，将损失降至最低；2015 年，浙江地区南美白对虾养殖成功率 10％左右，近 70％养殖户出现亏损；福建地区对虾养殖成功率稍高，为 20％～30％；海南地区对虾养殖较为理想，养殖成功率高达 50％～80％；2016年，广东地区南美白对虾养殖户减少 50％左右，投苗率创新低，养殖成功率仅为 20％～30％。南美白对虾养殖惨淡，直接导致对虾养殖量减少，继而影响饲料企业、鱼虾药品厂和苗种场等整个养虾产业链的产品销售。

2. 养殖模式

南美白对虾虽然是三大养殖对虾中单产量最高的虾种，但传统池塘养殖经历了几十年摸索，成功率较低，大部分养殖业者养殖效益较低；现阶段，发掘新养殖模式以适应环境变化，调整好养殖心态，或许才是南美白对虾健康养殖的出路。长江三角洲地区对虾养殖已开始转向大棚养殖，浙江地区大棚养殖成功率高达 80%～90%；湖南澧县近年来部分养殖户开展南美白对虾池塘种养轮作，即在池塘养殖一茬南美白对虾，种植一茬冬季蔬菜，效果较好，亩（1 亩≈666.7 米²，下同）增经济效益 40% 以上，蔬菜价格较好时，蔬菜收入增加近 50%，较好地化解了南美白对虾养殖风险；也有的地方开展了稻田综合种养探索，有较好的养殖发展前景。大棚养殖、池塘综合种养、稻田综合种养等新型养殖模式将是内陆地区南美白对虾养殖未来的发展趋势。

当前对虾养殖模式众多，按照养殖设施来区分，主要包括高位池精养模式、大棚工厂化养殖模式及温棚养殖模式等。按养殖水域类型可分为池塘养殖、湖泊养殖、庭院养殖、稻田养殖等。

按养殖方式来分又可分为传统养殖、生态养殖。传统养殖是主要从养殖对象出发开展的养殖，主要注重养殖产量，尤其对南美白对虾来说，其养殖不可持续，这也是多年来南美白对虾养殖成功率不高的原因之一，养殖过程中产生的残渣、剩饵及沉积物中氮、磷等长期积累，导致南美白对虾池养殖环境恶化、难于管理，对虾养殖病害增多，成本增加，效益低下；生态养殖即通过种养轮作，将对虾养殖过程中积累的氮、磷等通过植物吸收，植物根系改善底质溶氧状况，实践证明，该养殖方式能取得较好的养殖效果，是南美白对虾养殖的主要发展方向之一。

（1）大棚工厂化养殖模式。在养殖状况不容乐观的情况下，2014 年，华北地区南美白对虾养殖水面增加 20%，养殖模式出现多样化趋势，其中以大棚工厂化养殖最为突出。大棚工厂化养殖利用现代化工业手段可有效控制养殖池内环境，为南美白对虾创造最佳的生存和生长条件，促进对虾顺利生长，创造出较好的经济效益。大棚工厂化养殖具有隔离病原、节省人力、提高产能及减少污染等优势，山东及环渤海沿海地区是工厂化养殖较集中、技术水平前沿及规模较大区域，潍坊、东营和天津等地区，工厂化养殖面积逐年提升。

（2）高位池精养模式。高位池精养模式最早建造于我国台湾地区，之后引入广东和海南等地，现已成为我国南方地区的主要养殖模式之一。高位池可以彻底排水进行晒池、清淤和消毒，有效解决虾池老化、底泥淤积及病原生物增加等诸多问题。近年来，该模式在生产实践中进行了调整与补充，如：采用水泥、地膜护坡或全池铺设地膜等措施解决了养殖池的渗漏，采用中央排污或中央吸污减少养殖过程中悬浮性和沉积性污染物对水质的影响，养殖场使用蓄水池兼作消毒池减少病原生物和病原携带者对养殖虾类的交叉感染。

（3）温棚养殖模式。中北部地区主要采用温棚养殖模式，南方冬季时期也采用该模式。商品虾可错峰上市，争取较高的价格优势，利用虾苗场可以全年提供虾苗的条件，温棚内采用保温措施，适当延长养殖周期、增加养殖茬数，可获得更高的经济效益。温棚养殖模式环境封闭、敌害较少，但光照较弱、养殖周期较长，技术性要求较高，特别是水质的控制和中后期病害的防治。目前，南美白对虾的养殖产业进入一个艰难的转型时期：一是种源的转型；二是粗放型大面积土塘池向集约化的小面积型高密度高位池养殖的过渡；三是露天养殖转向大棚和冬棚养殖过渡。

（4）池塘综合种养模式，又称池塘种养轮作。利用南美白对虾养殖周期短，长江流域地区气候又不宜两茬养殖的特点，采用"一茬对虾＋一茬冬季作物"的池塘生态种养模式，能显著提高池塘效益，提高对虾质量档次，化解南美白对虾养殖风险。该南美白对虾生态养殖模式已在湖南获得成功，有较好的推广应用前景。

（5）稻田综合种养模式。该模式一种是南美白对虾稻田综合种养，即在栽种水稻的同时，通过稻田环沟、田间沟溜同时养殖南美白对虾；另一种是稻田综合种养模式，即在冬季蔬菜价格较好时种植一季冬季蔬菜。该稻田种养模式仍在探索中。

二、南美白对虾的市场行情分析及预测

（一）全国南美白对虾养殖特情调查与分析

2019 年上半年，为掌握全国南美白对虾养殖渔情以及市场行情走势，全国水产技术推广总站在全国从北到南分为淡水和海水养殖，在全国设置了 12 个测报点。其中全国淡水南美白对虾养殖渔情测报在河北、浙江、福建、山东、广东等 5 个省设置采集点；全国海水南美白对虾养殖渔情测报在河北、辽宁、浙江、山东、广东、广西、海南等 7 个省（自治区）设置采集点。根据全国南美白对虾养殖渔情采集点统计数据分析，2018 年上半年，全国南美白对虾养殖生产形势表现在以下四个方面。一是南美白对虾（海、淡水）投苗量同比都下降；二是出塘量、收入呈现出海减淡增态势；三是出塘综合价格同比下跌；四是养殖生产损失虽然同比减少，但是养殖病害造成的损失更为突出，例如疾病发生日益频繁和严重，发病率、死亡率提高，危害加大，对养虾企业和渔农户增产增收带来更大压力。

1. 总体特点分析

（1）苗种投放：2019 年上半年全国淡水南美白对虾养殖采集点投苗 65650 万尾，同比减少 10.12%，苗种费 1356.36 万元，同比增加 12%。全国各省采集点投苗量同比都下降，但投苗费用同比上升。分析原因：一是淡水苗种价格总体上涨，二是投大规格苗种。2019 年上半年全国海水南美白对虾养殖采集点投苗 201403.5 万尾，同比减少 25.09%，苗种费 2110.79 万元，同比减少 21.05%。河北、海南投苗量总体同比增加，浙江、山东、广东、广西投苗量总体同比下降。

（2）出塘量、收入和平均单价：2019 年上半年，全国淡水南美白对虾养殖采集点养殖出塘量、收入分别为 405.52 吨、2838.55 万元，与同期相比，出塘量、收入分别增加 11.97％、9.91％，综合出塘价格 70 元/千克，同比下跌 1.82％。浙江、广东省出塘量、收入同比增加，福建省出塘量、收入同比减少，各省综合出塘价格同比上涨。2019 年上半年，全国海水南美白对虾养殖采集点养殖出塘量、收入分别为 264.84 吨、1324.17 万元，与同期相比，分别增加 77.46％ 和 81.3％，综合出塘价格 50 元/千克，同比下跌 17.03％。广东、海南省出塘量同比大幅减少，综合出塘价格同比下降。分析原因：存塘量减少，以广东为例，由于去年虾价高位运行，很多养殖户都清塘出虾。

（3）养殖生产损失：2019 年上半年全国淡水南美白对虾养殖采集点因生产损失产量 12.49 吨、经济损失 82.88 万元，同比分别减少 62.25％、53％。生产损失以福建和广东为主。2019 年上半年全国海水南美白对虾养殖采集点产品损失数量 53.3 吨、经济损失 152.03 万元，同比分别减少 87.12％、87.93％。生产损失以广东和福建为主，但广东生产损失在减少，而海南却大幅度增加。

2. 特点和特情分析

（1）市场行情走势：市场价格行情是养殖生产的集中表现，它将引领养殖生产的推进。根据往年的市场表现，南美白对虾市场行情都是在 2 月份会有一个小高峰，这是因为节庆亲朋聚会需求旺盛，而 2018 年却不同，全国除了海水养殖的南美白对虾价格在 2 月份上翘一下，淡水养殖的南美白对虾市场价格就一直疲软走低。该特点就是南美白对虾 2018 年上半年养殖生产造成的，主要是淡水南美白对虾养殖相对海水南美白对虾养殖投苗量大，到了上市时就出现了供过于求，市场自然走低。

（2）投苗量增减分析：2019 年上半年，全国淡水、海水南美白对虾养殖采集点投苗量虽然有增有减，但是总量出现大幅下降，其中海水减少 25％，但是苗种费却未出现相应的减少，其中淡水投苗费同比增加 12％。主要原因为经过淡化养殖的淡水苗种价格总体上涨，且为追求安全性和高效性，养虾企业和虾农都喜欢投放大规格苗种。这是该虾养殖生产出现的一个新特点和新趋势。

（3）产量和产值分析：2019 年上半年，全国淡水南美白对虾虽然产量和产值同比都出现增长，但是总体价格却未上涨而且还出现微跌，主要原因是广东淡水养殖白对虾塘头收购价格下跌，因为比重较大造成全国淡水虾价格下跌；而全国南美白对虾养殖采集点养殖产量和产值都出现大幅度增加，但是综合塘头收购价格出现大幅度下跌，跌幅达 17.03％。主要原因是养虾企业和虾农主动淘汰过剩产能，存塘量减少，加上 2016 年虾价冲高，他们都积极清塘出虾。

（4）产量损失分析：2019 年上半年，全国不论是淡水还是海水南美白对虾养殖采集点因生产造成的损失都出现大幅度减少，在造成损失的因素中，病害突显出来，养虾企业和虾农排塘率很高，该问题应该引起警觉。

（二）南美白对虾养殖新模式涌现

近年来，华北等地出现了大棚工厂养殖，中北部地区出现了温棚养殖，已成为南美白对虾养殖新的亮点。湖南澧县、长沙等地南美白对虾养殖发展迅速，澧县农业部门还专门成立了以南美白对虾为主要服务对象的"虾产业指导办公室"，办公室牵头组织对南美白对虾养殖的市场前景、生产模式、发展势头等均进行了调研，对池塘种养模式进行了重点研究与试验示范，取得了很好的种养效果，南美白对虾综合种养池塘亩增效益达 4000 元以上，蔬菜价格好的 2018 年，种植效益占池塘总效益的 40％以上，并取得了较好的生态效益，极具推广前景。

在南美白对虾传统池塘养殖成功率低、养殖病害增多、养殖效益日益降低的形势下，湖南澧县南美白对虾池塘综合种养的养殖实践表明，南美白对虾生态养殖将为南美白对虾养殖主要发展方向之一，其中池塘综合种养将具有较好的发展前景。

（三）南美白对虾养殖生产形势预测

1. 苗种投放量

根据全国南美白对虾养殖渔情采集点数据，按照生产惯性运行，2019 年下半年，全国南美白对虾养殖苗种投放量会基本保持不变，其中投放优质大规格虾苗将成为养虾企业和渔农的首选。

2. 病害影响生产

目前，在南美白对虾养殖诸多风险中，最大的风险是技术风险，而在技术环节中造成损失最大的环节是病害，要降低病害造成的损失，最佳途径是回归自然，示范推广生态健康养殖，例如鱼虾混养、生态种养等，运用生物方法防治病害，将病害造成的损失降至最低。

3. 市场形成分析

全国南美白对虾市场供求大致均衡，市场价格上下波动小，获利空间更小。该信号将会传导给南美白对虾养殖生产环节，许多养殖龙头企业和大户都会按照减产增收、提质增效来开展他们的养殖生产，按照生态健康养殖模式及技术开展该虾养殖生产，预计 2019 年下半年该虾市场价格会走稳且逐步形成走高的趋势。

4. 水产品消费多样化

水产品消费方式的多样化将促推水产产业结构调整和南美白对虾养殖业的发展。随着人们生活水平的提高，现今单纯的买鱼剖鱼的水产品消费形式将向方便化、优质化、休闲化、多样化方式发展。水产品消费形式的多样化，要求进行水产养殖结构调整，其养殖的水产品应少肌间刺，方便食用，南美白对虾作为一种名优且方便食用的水产品，深受消费者青睐，将具有广阔的发展前景。

5. 南美白对虾养殖前景看好

南美白对虾壳薄体肥，肉质鲜美，营养丰富，是市场上极受欢迎的水产品，在国际上，中国的对虾出口也已形成规模优势。单是湛江的海水养殖南美白对虾销售流通量就占全世界的15.4%。随着人民生活水平的提高，以及物流业的进一步发展，南美白对虾的市场区域将会不断扩大，养殖潜力将会进一步被激发，养殖前景看好。

（四）南美白对虾养殖风险分析

南美白对虾养殖和其他水产养殖一样，也面临三大风险。首先是市场风险。水产品市场目前往往面临的尴尬是水产品销售价格波动大，有时甚至不涨反跌，但投入成本却是逐年增加。最近几年，无论是塘租，还是人工，乃至苗种、饲料成本都在不断上涨，从而降低利润。根据预测，近期内南美白对虾市场供需大致平衡，随着人们消费观念的转变，渔业及水产品的消费形式将多样化、方便化、优质化，南美白对虾用为方便食用的优质水产品的消费市场将会呈现上升趋势。因此，从长远来看，南美白对虾养殖只要科学规划，生态养殖，提升其质量档次，就将降低其市场风险。

其次是病害风险。这几年，南美白对虾病害较多，如白斑综合征等，病害不仅导致收成受到影响，从行业整体面来说，由于病害多，部分养殖户可能会铤而冒险，违规使用违禁渔药。一旦事发，消费者产生抗拒，造成行业整体危机。改变现有高产养殖模式，开展生态养殖，种养轮作，提升产品质量，将一定程度地化解病害风险。

最后是天气骤变和自然灾害风险。南美白对虾养殖和其他水产品养殖相比较，易产生应激反应，并造成较大危害。如天气骤变、洪水暴发等，都会对养殖造成潜在风险。因此，南美白对虾养殖更应有风险防患意识、风险防患措施。

三、南美白对虾淡水养殖发展的主要问题

南美白对虾作为世界三大对虾养殖品种，一方面该虾是对虾养

殖中产量最高的品种，为我国的出口创汇主要水产品之一，生产周期短，可两茬或多茬养殖，适合工厂化养殖、池塘养殖等多种形式的养殖，养殖效益较高，食用方面的优质水产品深受消费者喜爱，为水产养殖产业结构调整的主推水产品之一；另一方面，该虾养殖成功率较低，多年养殖池塘病害较多，用药较多，水产品档次不高，养殖效益降低。经过调研总结，造成淡水南美白对虾养殖成功率低的主要问题可概括为三个方面：

1. 虾苗质量问题

南美白对虾虾苗来源复杂，部分虾苗种质退化，抗逆性能较差，造成养殖管理难度大、病害多，饲料利用率低，防治药物投入大，产量低、效益低，甚至亏本。因此，南美白对虾苗种必须是种质优良，有正规苗种生产许可证的生产企业生产的虾种，并经检验检疫合格。

2. 养殖方式问题

对于南美白对虾多年的养殖池塘，因多年养殖，池塘沉积物较多，水体易老化，水质调控难度大、成本高、投入大，加上多年养殖，池塘积累的病原微生物也较多，如果遇到厌氧环境，病原微生物滋生，养殖病害增多，也将造成较大的养殖风险。因此，对于传统的南美白对虾养殖池塘，尤其应当开展生态养殖，种养轮作，通过种植冬季蔬菜，消解池塘底质中氮、磷等营养元素，改善池底环境条件，也通过旱作冬季作物，长时间晒池，并通过植物根系，改善池底通气条件，增加池塘活性淤泥层厚度，减少养虾病害发生。南美白对虾养殖必须改变养殖方式，大力推广生态养殖。

3. 对虾应急反应和病害问题

南美白对虾是海水繁殖、海水或淡水生长的温带虾种，水体溶氧、温度、酸碱度、盐度、浊度等水质因子的急骤变化都能使池塘养殖虾类产生较大的应急反应，并造成虾体抵御病害能力降低，引发次生病害，以致造成较大损失。因此，南美白对虾养殖应保持环境相对稳定，并有一定的应急防护措施。

四、发展对策

1. 科学管控，合理养殖

践行科学的管控思路与方法是有效保证白对虾得以正常生长的能动性因素，是可控养殖管理的核心内容，贯穿于养殖的全过程。虾是"养"出来的，而不是靠"治"来生长的；在养殖方面要学会舍得投入，有舍才有得，要从能根本上解决问题的角度来考虑养殖方案，而不是从成本控制的角度来考虑和处理问题，首先要保证能养出成虾，这是成功实现效益的关键。

2. 认清问题，抓住关键

认清问题，抓住关键环节与问题。种苗是决定能否养大虾的基础保证，在种苗选择方面，坚持选择对的种苗，选择经过检测的虾苗。种苗、虾药、饲料是养虾成败的关键因素，种苗是主体，虾药和饲料是为种苗服务的，而饲料只是提供基础营养，虾药提供预防、治病保健。

3. 预防为主，治养结合

要从根本上解决问题，应激性病害是一切病害的根源，养殖过程中最大的问题就是因气候变化产生的应激反应，其次是感染性病害。要切实消除、防控应激性病害，须从系统上解决问题，这涉及菌藻养护、控菌、解毒及营养免疫等各方面的水体调节。治养结合，养是要保证解决问题与治疗病害的有效性，治是要解决问题的彻底性，在南美白对虾的养殖中，没有"养"的结合和基础作用，"治"往往达不到目标。如：解决氨氮（非离子氨）、亚硝酸盐过高造成的中毒性问题，除通过外用及内服药物进行排毒解毒来治理外，仍需从养的方面进行调水养藻，降解水体的氨氮（非离子氨）和亚硝酸盐，治养结合的效果更突出。

第二章 南美白对虾的生物学特性

一、分类

南美白对虾（*Penaeus vannamei*），又名凡纳滨对虾、万氏对虾、白对虾，在分类学上属节肢动物门（Arthropoda）、甲壳纲（Crustacea）、软甲亚纲（Malacostraca）、十足目（Decapoda）、游泳亚目（Natantia）、对虾科（Penaeida）、对虾属（*Penaeus*），*Litopenaeus* 亚属。

二、形态特征

1. 外部形态特征

南美白对虾亦分为头胸甲和腹部两部分，虾体表面大透明的几丁质甲壳形成外骨骼，常呈浅青色，无斑纹。与其他对虾相比，其额角不超出第一触角柄的第二节，相对较短，第一触角内外鞭等长，且极短小，大触须青灰色，心脏暗黑色，步足常是白垩色，头胸甲短，与腹躯之比约为1：3，体长而侧扁，略呈梭形，成体最大体长可达24厘米，与中国对虾酷似。

2. 内部构造特征

南美白对虾与斑节对虾及中国对虾的内部结构基本一致，内脏器官大都集中于头胸部，腹部肌肉最为发达，同样具有消化、呼吸、循环、排泄、生殖、神经和肌肉七大系统，但其雌虾不具纳精囊，属具有开放型纳精囊的虾种。

南美白对虾的外形及体色酷似中国对虾和墨吉对虾，最大体长可达24厘米。正常体色为白色而透亮，大触须青灰色，步足常为白垩色，全身不具斑纹；额角稍向下弯，额角短；头胸甲比其他对虾短，与腹部之比为 1∶3，第一触角具双鞭。但仔细观察，会发现南美白对虾的外壳密布许多细小斑点，尤其在体长 2～5 厘米的幼虾身上更为明显。

三、生活习性

南美白对虾壳薄体肥，肉质鲜美，含肉率高，营养丰富。南美白对虾适应能力强，自然栖息区为泥质海底，水深 0～72 米，能在盐度 0.5‰～35‰ 的水域中生长，2～7 厘米的幼虾，其盐度允许范围为 2‰～78‰。能在水温为 6～40℃ 的水域中生存，生长水温为 15～38℃，最适生长水温为 22～35℃。对高温忍受极限 43.5℃（渐变幅度），对低温适应能力较差，水温低于 18℃，其摄食活动受到影响，9℃ 以下时侧卧水底。要求水质清新，溶氧量在 5 毫克/升以上，能忍受的最低溶氧量为 1.2 毫克/升。离水存活时间长，可以长途运输。适应的 pH 为 7.0～8.5，要求水体氨氮含量较低。可生活在海水、咸淡水和淡水中。刚孵出的浮游幼体和幼虾在饵料生物丰富的河口附近海区和海岸泻湖软泥底质的浅海中的低盐水域（4%～30%）觅食生长，体长平均达到 12 厘米时开始向近海洄游，大量洄游是在一个月的最低潮时，与满月和新月的时间相同。养殖条件下，白天一般都静伏池底，入暮后则活动频繁。

在养殖上，南美白对虾具有个体大、生长快、营养需求低、抗病力强等优点，对水环境因子变化的适应能力较强，对饲料蛋白含量要求低、出肉率高达 65% 以上、离水存活时间长等优点，是集约化高产养殖的优良品种，也是目前世界上三大养殖对虾中单产量最高的虾种。

四、食性与生长

南美白对虾食性广而杂，对食物的要求低，饵料中只要含有

25％～30％的蛋白质成分，即可正常生长。在天然水域，南美白对虾为夜行性动物。夜间活动频繁，白天则相对安静，有时甚至将身体腹部或全身潜藏在泥沙中，也不主动搜寻进食。在人工养殖条件下，南美白对虾白天会摄食投喂的饲料，但以晚上为主。

南美白对虾的变态和生长发育总是伴随幼体的不断蜕皮和幼虾的不断蜕壳而进行的。蜕壳（皮）是对虾生长发育的结果，当机体组织生长及营养物质累积到一定程度的时候必然要进行蜕壳（皮）。正常情况下，每蜕壳（皮）一次，虾体会明显增长，但是蜕壳不一定都会生长，比如说营养不足时，虾蜕壳反而会出现负增长。蜕壳的同时还可以蜕掉附着在甲壳上的寄生虫和附着物，并且可以使残肢再生。因幼体的壳薄而软，一般多称为皮，幼体期以后虾壳增厚变硬，称之为壳。由于四个幼体期（无节幼体、蚤状幼体、糠虾幼体和仔虾）的幼体在形态上存在很大的差异，一般又叫变态蜕皮。虾类的蜕壳对于虾类本身来说是极其重要的，其影响虾类的形态、生理和行为变化，为虾类完成变态发育和生长所需，但也是导致畸形、生病、死亡的重要原因。

所以，对于对虾蜕壳过程需要做一些了解，并可以做出相应的处理方式，减少发病和死亡的概率。由于虾类幼体的变态发育在苗种场进行，所以就只对生长期的对虾进行描述。斑节对虾，南美白对虾及日本对虾等的蜕壳过程大体相同。对虾的甲壳由位于其下的真皮层上皮细胞分泌而来，由上表皮层、外表皮层和内表皮层组成。大致分为蜕壳间期、蜕壳前期、蜕壳期、蜕壳后期和后续期。

1. 蜕壳间期、蜕壳前期、蜕壳期

在蜕壳间期，虾壳钙化，吸收钙质和微量元素，虾会大量摄食，进行能量物质和微量元素的积累，为蜕壳进行物质准备。蜕壳前期：真皮层会和表皮层分离，旧壳之上的表皮开始被吸收，钙质和微量元素被吸收进入血液，新表皮开始形成，摄食减少，就是二层壳的形成。当旧壳被吸收完全，新表皮与旧壳分离明显，摄食停止。新外表皮分泌完成，虾开始吸水，准备蜕壳。蜕壳期：身体大量吸水后，旧壳破裂，虾弹动身体自旧壳中蜕出，此过程只有几秒或数分钟。

2. 蜕壳后期

刚蜕出时，虾新壳柔软有弹性，虾开始大量吸水使新壳充分伸展至最大尺度，此时活力弱，不摄食。此过程也较短。

3. 后续期

身体虾壳开始钙化，开始大量吸收钙质和微量元素，此过程取决于水体中钙质含量和微量元素含量，微量元素缺乏会使虾软壳到硬壳时间增长或不能完全硬壳，加大蜕壳期虾的风险。等壳硬化后，能够支撑身体时，虾体会排出身体吸收的过多水分，开始摄食，完成一次蜕壳周期。

蜕壳期又有4个阶段的过程区分：

（1）刚蜕壳：尚不进食，此时外壳柔软，无法站立，继续吸收水分，体重增加。表皮开始钙质化，已可站立，但外骨骼仍然很柔软，体重稳定，水分含量仍高达86％。

（2）新壳钙化：新壳的钙化阶段仍不进食，钙质开始分泌，附肢的各肢节可以弯曲而不断裂，水分含量85％；外骨骼继续分泌，各附肢弯曲时会断裂，水分含量83％。

（3）表皮变硬：较早阶段仍继续钙化，并开始进食。此时是组织生长的主要阶段，身体开始变硬，头胸甲前端及侧面钙化仍不完全，水分含量61％。处于蜕壳中期，钙化完全，且在钙化层下产生薄膜层，代谢物开始堆积，组织生长安全。

（4）下次蜕壳的预备阶段：开始进行钙的再吸收，新壳的最外层已分泌出来，渐渐进食，代谢物可被运用，在分泌新的色素层之后，活动开始减少，水分含量在59％～61％；接近蜕壳的第一特征已出现，在旧刚毛基部有新刚毛长出，新的上表皮已由皮下组织分泌出来。

由于旧壳中大量钙的再吸收，造成裂隙而留下适当的空间。沿着裂隙，钙的再吸收完全，从而产生表皮的一个裂口，虾体自此从旧壳中脱出。个体从旧壳中蜕出：快速吸收水分，一般在低温时会形成抑制蜕壳的现象，延长蜕壳的时间。对虾蜕壳在夜间或清晨进行，时间短促，一般为 10～15 分钟。

幼虾蜕壳次数通常比成虾多；营养均衡而全面优质时，蜕壳次数亦较频繁；环境的刺激也会影响蜕壳。补充对虾脱壳所需的钙铁锌等矿物质和微量元素，可帮助对虾顺利蜕壳，增强免疫力，促进对虾生长。

对虾蜕壳问题在近几年越来越严重，蜕壳不遂存在的问题有：生长缓慢，吃料不长，活力差，严重者排塘。

五、繁殖习性

南美白对虾繁殖季节较长，只要条件适宜可周年进行繁殖。雌虾为开放型纳精囊，在产卵前 9～12 小时雌雄交配，交配前雌虾并不进行蜕壳。开始时雄虾靠近并追逐雌虾，然后居身雌虾下方做同步游动，两性腹面相对，头尾大多一致，雄虾将雌虾抱住，释放精荚，将其黏附到雌虾第 3 至第 5 步足基部。南美白对虾雌虾成熟时卵巢为红色，而卵产出后呈豆绿色。每次产卵量视个体大小而异，一般体长在 14 厘米左右的雌虾能产卵 10 万～15 万粒。亲虾产卵时间都在晚上 9 时至次日凌晨 3 时左右，产卵经历的时间为 9～12 分钟。雌虾产卵时，精荚同时放出精子，在水中完成受精过程。南美白对虾受精卵直径为 0.28 毫米，在水温为 28～31℃，盐度为 29‰时，受精卵经 12 小时即可孵出蚤状幼体。无节幼体蜕壳 6 次，蚤状幼体蜕壳 3 次，糠虾期蜕壳 3 次进入仔虾期，幼体发育需 12 天左右。仔虾期，幼体发育需 12 天左右。

六、养殖生物学特点

1. 繁殖周期长，可以周年进行苗种生产。

2. 营养要求低，饵料中蛋白质的含量占 20%～25%时，即可满足其正常的生长需求，而中国对虾饵料中蛋白质含量的比率需占 40%～45%；饵料系数一般为 1.4 左右。

3. 南美白对虾生活力强、适应性广，盐度适应范围 0～45‰，温度适应范围 11～36℃、生长适温 23～32℃，pH 最适范围 7.5～8.5、溶氧阈值为 1.2 毫克/升，是集约化高产养殖的优良品种；适应性和抗病能力强。

4. 生长迅速、产量高、规格整齐，可以进行高密度养殖，成活率一般在 70%以上；经过 3 个月的养殖，半精养产量达 200～300 千克/亩，精养产量可达 500～1000 千克/亩。

5. 离水存活时间长，因而可以活虾销售，商品虾起捕价高于其他对虾；肉质鲜美，既可活虾销售，又可加工出口，加工出肉率达 65%以上。

6. 南美白对虾为广盐度虾类，较适盐度范围为 0.5‰～35‰，不仅适合沿海地区养殖，也适合内陆地区淡水养殖。

7. 南美白对虾怕光，池塘养殖过程中透明度不能太大，一般维持在 40 厘米以下。

8. 南美白对虾生长周期短，温带水域每年可养殖两茬或三茬，亚热带水域较适合开展生态养殖，种养轮作。

第三章　南美白对虾养殖新品种

培育适合我国养殖环境的南美白对虾育种已是我国对虾养殖产业持续稳定发展的必然要求，也是摆脱我国南美白对虾种育受制于人的尴尬局面的最佳途径，这也与我国养虾大国的地位相称。经农业农村部审定，我国已育成了自主知识产权的南美白对虾新品种共8个，分别为中科1号、中兴1号、科海1号、桂海1号、壬海1号、兴海1号、海兴农2号以及广泰1号。

一、科海1号

科海1号南美白对虾是以从海南、广东等地收集的夏威夷亲虾繁养4代的养殖群体为育种基础群体，以生长速度为主要选育指标，由中科院海洋研究所与西北农林大学、海南东方中科海洋生物育种有限公司三家单位合作，经过8年连续7代选育获得的新品种。该品种适宜高密度养殖，生长速度快，适应性强，遗传特性稳定。

品种登记号：GS－01－006－2010。亲本来源：国内凡纳滨对虾养殖群体。

品种简介：该品种是2002年从海南和广东等地的14个养殖基地收集的从夏威夷引进并繁养4代的凡纳滨对虾养殖群体构建的育种基础群体，以生长速度为主要选育指标，经7代连续选育获得的品种。在8万尾/亩、10万尾/亩、12万尾/亩、14万尾/亩的养殖条件下，养殖100天，平均体重比当地养殖的商业苗种分别增加12.6％、23.6％、25.7％和41.7％，养殖成活率分别提高3.0％、7.0％、8.6％和14.0％；体长变异系数从第四代的10.6％降到第六代的 6.6%。

适宜在我国海水及咸淡水水域进行高密度养殖。

二、凡纳滨对虾"兴海 1 号"

凡纳滨对虾即南美白对虾，其兴海 1 号是由广东海洋大学、湛江市德海实业有限公司和湛江市国兴水产科技有限公司选育出适合我国养殖环境的、具显著生长及成活率优势的凡纳滨对虾新品种。

品种登记号：GS－01－007－2017。

经济性状："兴海 1 号"凡纳滨对虾生长速度快，养殖成活率高，产量高。在相同养殖条件下，养殖 100 日龄的凡纳滨对虾"兴海 1 号"平均成活率为 77.80%，平均体重为 15.42 克，与 SIS 一代苗相比，平均成活率提高了 15%，体重无显著差异。

遗传稳定性："兴海 1 号"经 4 代选育，表型性状达到稳定，随机选取养殖 100 天的"兴海 1 号"对虾，对其体长、体重进行测量计算，体长、体重等性状变异系数均低于 10%。

品种养殖优点：

（1）养殖适应性强。适合我国南方沿海高位池塘、普通虾塘、大棚等对虾主要养殖模式，在不同的养殖密度、养殖温度、养殖模式下均具有良好的表现。

（2）生长速度快，养殖成活率高，养殖 100 日龄的"兴海 1 号"凡纳滨对虾平均成活率为 77.80%，平均体重为 15.42 克，与 SIS 一代苗相比，平均成活率提高了 15%，体重无显著差异。

（3）养殖规格整齐，均匀度好，收获期低于群体体重均值的个体比例低于 10%。

（4）高抗逆性，即抗高氨氮、抗低溶氧。"兴海 1 号"除生长速度快、养殖成活率高、遗传性状稳的优良性状外，它还有一个很关键的特点，就是高抗逆性，主要表现为抗高氨氮和抗低溶氧。这样的性状的获得是从第一代起，以后的每一代，我们都把种虾人为地放到恶劣环境中养殖半个月，所谓的恶劣环境就是水透明度低，氨氮含量很高，而溶解氧含量又非常低。每一代养殖时间为 15 天，淘汰抗逆性差的部分，经过几年的筛选得到目前的抗高氨氮、抗低溶氧的"兴海 1 号"亲本。

"兴海 1 号"中试养殖效果：2016—2017 年，湛江市水产技术推广中心站下属单位湛江市东海对虾良种场在高位池养殖模式下对其选育获得的南美白对虾高产新品种"兴海 1 号"进行连续两年的生产性对比养殖试验，对照组为 SIS 一代苗、二代苗。试验虾塘 3 口，面积为 15 亩/口，每口塘用密网分割成面积大小相同的 3 个养殖空间，分别放养"兴海 1 号"、对照组 SIS 一代苗和二代苗，放苗密度为 7 万尾/亩，两年累计试验面积 90 亩。

采用抛网法随机选取养殖 100 天的"兴海 1 号"凡纳滨对虾、SIS 一代苗和二代苗各 30 尾，测量每个个体的体长、体重，结果表明，"兴海 1 号"对虾的平均体长、体重与 SIS 一代苗差异不明显，但较二代苗分别平均提高了 11.8%、12.6%。

相同养殖模式下，2016 年"兴海 1 号"养殖成活率、平均亩产量较 SIS 一代苗提高 16.7%、11.7%，较 SIS 二代苗提高 10.1%、21.7%；2017 年较 SIS 一代苗提高 13.3%、16.9%，较 SIS 二代苗提高 12.1%、28.6%。

连续两年生产性测试结果表明：养殖 100 日龄的"兴海 1 号"体长、体重变异系数均小于 10%，在相同养殖模式下，"兴海 1 号"养殖成活率较 SIS 一代苗提高 15%，较 SIS 二代苗提高 11.1%；"兴海 1 号"对虾的平均体重与 SIS 一代苗差异不显著，但较二代苗提高了 12.6%。

三、凡纳滨对虾"中兴 1 号"

中兴 1 号是以美国夏威夷海洋研究所亲虾为基础群体，经连续 5 代群体选育获得。审定情况：2010 年通过第四届全国水产原种和良种审定委员会的审定。

品种登记号：GS—01—008—2010。

特征特性：凡纳滨对虾"中兴1号"体形粗壮，头胸甲宽大于头胸甲高，分为头胸部和腹部两部分。体覆被一层透明的甲壳，头胸甲前端中央突出，形成额角，其上、下缘均具齿，额角基部两侧各有一具柄的复眼；额角侧沟和额角侧脊短，额角具1或2腹缘齿，后齿位于背齿最前齿处或在其前。头部附肢依次为第1、第2触角，大颚和第1、第2小颚，第1触角具双鞭，内鞭较外鞭纤细，长度大致相等，但皆短小；胸部附肢依次为第1到第3对颚足和5对步足，第1至第3对步足螯形，十分发达，第4至第5对步足无螯，第5对步足具雏形外肢；腹部前5节各具1对腹肢，第6节具1对尾肢，与尾节形成尾扇，第4至第6节具背脊；尾节具中央沟，但不具缘侧刺。

产量表现：2007—2009年共有19个承试单位进行凡纳滨对虾"中兴1号"生产对比试验。经统计，凡纳滨对虾"中兴1号"承试面积达1365.6亩，产量121.69万千克，平均亩产891.07千克，平均成活率74.48%；进口虾苗（进口亲虾繁育的子一代）承试面积达367亩，产量24.41万千克，平均亩产665.13千克，平均成活率47.2%；二代虾苗（进口亲虾繁育的子代作为亲虾繁育的虾苗）承试面积达329.7亩，产量16.65万千克，平均亩产504.91千克，平均成活率43.5%。截至2010年，"中兴1号"在各地区的养殖面积共有35500亩。该良种人工感染对虾白斑综合征病毒（WSSV）成活率超过80%，抗WSSV性能稳定，已经生产了15亿尾虾苗，WSSV发病率低于10%，高密度养殖成功率超过80%。

四、凡纳滨对虾"广泰1号"

品种登记号：GS—01—003—2016。

亲本来源：凡纳滨对虾引进群体、凡纳滨对虾"科海1号"。

育种单位：中国科学院海洋研究所、西北农林科技大学、海南广泰海洋育种有限公司。

品种简介：该品种是以 2008 年引进的 CP（泰国正大卜蜂集团）、KonaBay（美国科纳湾海洋资源公司）、OI（夏威夷海洋研究所）凡纳滨对虾种虾和凡纳滨对虾"科海 1 号"（GS－01－006－2010）为基础群体，以生长速度和成活率为目标性状，先采用家系选育技术，经连续 7 代选育形成快长系、高存活/高繁系、高存活/快长系、高繁系 4 个品系，再通过 4 系配套制种技术选育而成。

在相同养殖条件下，与 SIS（美国对虾改良系统有限公司）虾苗相比，120 日龄虾生长速度平均提高 16％，成活率平均提高 30％。适宜在全国各地人工可控的海水及咸淡水水体中养殖。

五、凡纳滨对虾"桂海 1 号"

在我国现代农业（虾）产业技术体系专项和国家科技支撑项目"高产抗病性凡纳滨对虾新品种的选育"等项目资助下，由广西水产科学研究院国家级南美白对虾遗传选育中心经过 6 个世代的连续选育获得的高产抗病南美白对虾新品种。该品种生长快、产量高，养殖性能可与美国进口一代种苗媲美。泥底高位池放养 5 万～8 万尾/亩，地膜高位池放养 15 万尾/亩，集约化高密度池放养 20 万～40 万尾/亩，单产分别超过 800 千克、2000 千克和 3000 千克。

六、凡纳滨对虾"中科 1 号"

由中国科学院南海海洋研究所、湛江市东海岛某公司、湛江某生物科技有限公司、广东某水产公司选育。

品种登记号：GS－01－007－2010。

亲本来源：美国引进及国内养殖凡纳滨对虾。

品种简介：该品种是以从美国夏威夷、佛罗里达州引进的 2 个群体和国内 5 个养殖群体为基础群体，以生长速度为主要选育指标，经 2 代群体选育及 5 代家系选育获得的品种。该品种与普通养殖品种相比，生长速度提高 21.8%；收获期规格整齐，体长变异系数小于 5%；仔虾淡化应激成活率提高 30.2%。适宜在我国海水及咸淡水水域养殖。

七、凡纳滨对虾"壬海 1 号"

"壬海 1 号"具有生长速度快，养殖周期短，成虾规格均一，养成存活率高且稳定的特点。2012 年、2013 年连续 2 年在河北、天津和广东等地开展生产性中试养殖试验，与一般商品苗种对比，"壬海 1 号"增产 20%～28%，存活率提高 10%～18%。

育种单位：中国水产科学研究院黄海水产研究所、青岛海壬水产种业科技有限公司。

品种简介：该品种是以 2011 年引进的凡纳滨对虾美国迈阿密群体和夏威夷瓦胡岛群体为基础，经连续 4 代选育和杂交测试，从 2 个群体中分别筛选出母本选育系和父本选育系，两系杂交获得。生长适宜水温为 25～32℃，适宜盐度范围广，养殖周期短，成虾规格整齐；在相同养殖条件下，160 日龄平均体重比进口一代苗提高 21.0%，养殖成活率提高 13.0% 以上。适宜在我国沿海人工可控的海水和内陆咸淡水水体中养殖。

八、海兴农 2 号

品种登记号：GS—01—004—2016。

亲本来源：凡纳滨对虾引进群体。

育种单位：广东海兴农集团有限公司、广东海大集团股份有限公司、中山大学、中国水产科学研究院黄海水产研究所。

品种简介：该品种是以 2010 年至 2011 年从美国夏威夷、佛罗里达、关岛以及新加坡等地引进的 8 批次凡纳滨对虾种虾为基础群体，以生长速度和成活率为目标性状，采用 BLUP（最佳线性无偏预测）选育技术，经连续 5 代选育而成。在相同养殖条件下，与未经选育的虾苗及部分进口一代虾苗相比，100 日龄虾生长速度提高 11％以上，成活率提高 13％以上。适合在全国各地人工可控的海水及咸淡水水体中养殖。

第四章　南美白对虾营养需求与饲料

一、南美白对虾对营养的需求

1. 蛋白质和氨基酸

蛋白质是一切生命体的物质基础，所有动物体的细胞均含有蛋白质。蛋白质在营养上有特殊地位，不能用碳水化合物和脂肪取代，必须从饲料中供给。由于蛋白质被虾体不断地用来进行生长发育和组织修复，所以必须不断地提供蛋白质或其组分氨基酸。总体来看，不同品种的对虾对蛋白质需求不同，饲料的蛋白水平在25%~60%，其中南美白对虾为28%~32%，而研究表明海水养殖的南美白对虾的蛋白质高些，淡水养殖的低些。

氨基酸是构成生物机体蛋白质不可缺少的物质，对虾机体中的蛋白质是由20多种氨基酸组合而成，在这些氨基酸中，一部分可直接从食物中获得，另一部分可在虾体内合成，还有一部分氨基酸虾体内是不能合成的或合成速度很慢，满足不了对虾的营养需求，必须从食物中得到。中国对虾和日本对虾等大多数对虾都需10种必需氨基酸，即：异亮氨酸、亮氨酸、苏氨酸、缬氨酸、蛋氨酸、苯丙氨酸、赖氨酸、组氨酸、精氨酸和色氨酸。对虾体在蛋白质代谢过程中，对每种必需氨基酸的需要和利用，处在一定的范围内，某一种氨基酸过多或过少都会影响另一种氨基酸的利用，故各种必需氨基酸之间需有一个适当比例，以满足蛋白质的合成要求，因此各种必需氨基酸之间的相互比例关系十分重要。

2. 碳水化合物

虾体内虽然存在不同活性的淀粉酶、几丁质酶和纤维素酶，但其利用碳水化合物的能力远比鱼类低，对碳水化合物的需求量也低于鱼类。虾饲料中碳水化合物的适宜量为20%～30%。饲料中少量纤维素有利于促进南美白对虾肠胃蠕动，能减慢食物在肠道中的通过速度，有利于其他营养素的吸收利用。另据报道，南美白对虾饲料中添加0.52%的葡萄糖胺可改善其生长。

3. 脂肪和脂肪酸

脂肪在对虾营养需要中占的比例不大，但有重要的生理意义，其中包括中性脂肪和类脂质。中性脂肪是甘油和三分子脂肪酸组成的脂类，类脂质是一些能溶于脂肪或脂肪溶剂的物质，其中的磷脂和固醇在营养学上是比较重要的。脂肪酸分为饱和脂肪酸和不饱和脂肪酸，在构成脂肪酸的不饱和脂肪酸中，有几种在对虾体内不能合成，必须由食物供给，这些不饱和脂肪酸称为必需脂肪酸。

南美白对虾对脂肪和脂肪酸的需求量一般为6%～7.5%，最高不超过10%。必须注意亚油酸、亚麻酸两种必需脂肪酸的添加，该二者在南美白对虾体内不能合成；胆固醇也是南美白对虾所必需的，这可能是甲壳动物脂肪营养需求最独特的方面，从其他对虾的研究来看，南美白对虾饲料的添加量以1%为宜；从其他对虾营养研究推测，南美白对虾饲料磷脂特别是磷脂酰胆碱的添加量也在1%左右。

4. 微量元素

针对对虾饲料微量元素所进行的研究非常有限，但微量元素在对虾体内具有重要作用，它们是酶的辅基成分或激活剂，构成软组织中某些特殊功能的有机化合物。在饲料缺乏微量元素或不足时，对虾会出现各种缺乏症症状。对虾体内含有丰富的微量元素，但它们不能在体内合成，全部来自食物或外部环境；也不能在体内代谢过程中消失，一部分在体内有关器官部位积累，另一部分在许多酶、神经、肌肉活动中起重要作用，还有一部分经过代谢产物排出体外。虾类微量元素的获得有两种途径，即通过鳃膜交换或饮水摄取，还有肠道吸收而来。

南美白对虾能依鳃、肠等器官从养殖水体中吸收矿物质，因而饲料中矿物质的适宜添加量应根据养殖环境的不同而有所变化。海水中有大量矿物质，其饲料中添加量较少，甚至可以不添加矿物质。淡水养虾时，其饲料中应添加矿物质。饲料中磷的吸收必须有钙参加，其基础饲料中钙磷添加比一般为 2：1，如饲料中添加 0.5%的磷，则应添加 1%的钙。Davis 等研究发现，南美白对虾饲料中铜含量低于 32 毫克/千克时，会出现铜缺乏症，表现为生长缓慢、心脏增大。Davis（1990）还对南美白对虾的硒营养需求做了研究，认为当虾饲料硒含量为 0.2～0.4 毫克/千克时，南美白对虾生长最好。

5. 维生素

维生素是对虾代谢中必不可少的有机化合物，维生素大部分不能在虾体内合成，必须从食物中获取补充。对虾饲料中缺乏维生素会导致生长缓慢，产生维生素缺乏症。某些维生素过多也会对对虾的生长不利。到目前为止，仅在斑节对虾、日本对虾、中国对虾、南美白对虾和加州对虾中进行过一定程度的维生素需要量的研究。

在多种维生素中，维生素 C 对于提高南美白对虾的成活率非常重要，缺乏维生素 C，虾成活率明显降低，而且体重小的虾比体重大的虾对维生素 C 的缺乏更敏感。同时，维生素 C 能使南美白对虾蜕壳频率增加。蜕壳是南美白对虾的一种生理过程，蜕壳前虾体内维生素 C 含量急剧升高，体内蓄积的大量维生素 C 有利于蜕壳后身体的恢复。当饲料中维生素 C 不足时，南美白对虾的蜕壳周期会延长，增重率下降。南美白对虾对维生素 C 的需求量常与养殖密度、水温及虾健康状况等相关，养殖生产过程中应不断调整饲料中维生素 C 的含量，才有利于提高养殖效果、降低饲料成本。

6. 其他物质

β-胡萝卜素、虾青素等色素可改善南美白对虾外壳的色泽，提高其商品价值。某些色素在南美白对虾生长过程中具有抗氧化、增强免疫力等功效。在一些特定条件下，某些氨基酸、甜菜碱等可作为诱食剂加入到南美白对虾饲料中，提高采食性，并有一定的营养作用。

二、南美白对虾饲料配制、加工、储存及投喂

在南美白对虾养殖中，饲料占养殖总成本 60％以上，饲料的质量关系到商品虾的品质和质量安全。发展南美白对虾养殖，必须了解其对营养的要求，尽量选用价格相对低廉的原料，配制出高效的人工配合饲料，进行科学投喂，才能达到提高养殖产量和经济效益的目的。

（一）对饲料和养殖环境的要求

1. 食性特点

南美白对虾为杂食性，幼体以浮游动物的无节幼体为食，幼虾除摄食浮游动物外，也摄食底栖动物幼体；成虾则以活的或死的动植物及有机碎屑为食，如蠕虫、各种水生昆虫及其幼体、小型软体动物和甲壳类、藻类等。该虾具有相互残食的习性，而且随着生长这种习性表现得更为明显。

2. 饲料营养

南美白对虾对饲料要求相对较低，对饲料蛋白（特别是养殖后期）的要求不高，幼虾期（5 厘米以下）饵料的蛋白质含量在 35％以上；成虾期（5～12 厘米）可相应减少蛋白质含量至 20％～30％。对虾在生长过程中需要多次蜕壳，饲料中的无机盐尤为重要（因钙和磷是构成骨骼的主要成分，每次蜕壳都要消耗一部分），饲料的总钙量要求为 1.5％～2.0％，总磷量为 1.0％～1.8％，钙磷比例为 1∶1 或 1.5∶1。

3. 养殖环境

27～31℃时饲料利用率和饲料报酬最高。水质要求 pH7.5～

8.5，溶解氧 5 毫克/升以上，氨氮 0.2 毫克/升以下，池底 H_2S 不超过 0.1 毫克/升，有机质含量不大于 5 毫克/升。达到上述环境要求，才能达到优质饲料的最佳利用率。

4. 投喂

天然水域南美白对虾昼伏夜出，人工养殖条件下也可在白天活动，因此，饲料投喂应以傍晚和早晨为主。

（二）饲料的配制和加工

具有一定规模的养殖户可自购原料，到附近饲料加工厂加工，可降低饲料成本 30% 以上，且饲料的质量可靠、有针对性（如添加防病治病药物等）。

1. 饲料配方

根据当地原料的价格、营养成分含量和各阶段对虾对营养需求等因素，采用手工或计算机进行设计，确定科学合理的配方作为加工对象。一般可参考以下配方：鱼粉 17%，豆粕 40%，麦麸 27%，次粉 10%，骨粉 3%，添加剂 3%。在虾的生长旺盛时期可在饲料中添加一定量的大蒜素、多糖类、有益微生物或中草药，以促进生长和防治疾病。

2. 加工要求

南美白对虾一般在水底活动，摄食时是抱着食物缓慢咀嚼，因而配合饲料要求投入水中能迅速下沉，而且在水中又不易破碎，所以加工时要添加适量的黏合剂，用硬颗粒机加工。各种原料粉碎粒度是全通过 40 目标准筛（理想的粒径为 144～360 微米）。饲料颗粒规格：虾体长小于 3 厘米，粒径 0.5～1.5 毫米、粒长 1.5～3 毫米；虾体长 3.1～6 厘米，粒径 1.2～2.0 毫米、粒长 2.0～5.0 毫米；虾体长大于 6 厘米，粒径 1.8～2.5 毫米、粒长 4.0～8.0 毫米。

3. 饲料贮存

对虾配合饲料是由多种农产品或其副产品和鱼粉、无机盐、维生素等成分组成，营养成分丰富，易吸水，变质。因此应贮存在干燥、通风性能良好的仓库中，注意防潮、防雨和防虫害、鼠害，同时要防止有毒物质污染。在良好条件下一般可保存 90 天左右。

（三）南美白对虾优质配合饲料的选择及投喂

1. 专用配合饲料的选购

（1）饲料厂家选择：现在市场上南美白对虾专用饲料生产厂家很多，良莠不齐。养殖者选购饲料时，要选择有一定规模、技术力量雄厚、售后服务到位、信誉度好、养殖效果佳（主要以价效比高和成活率高为参数）的饲料厂家生产的饲料。

（2）饲料选择的要求：配合饲料要求无农药残留，有毒有害物质含量控制在安全允许范围内，无致病微生物，霉菌毒素不超过标准，不污染环境，不影响人体健康。必须同时符合三个条件：①在为南美白对虾提供充足、均衡营养成分的同时，不能含有违禁成分，对养殖对象无毒害作用；②在商品虾中无任何有害残留，对食品安全不构成威胁，对人体健康无危害；③水产动物的排泄物、残饵等对养殖环境无污染，有利于可持续发展。

（3）饲料的产品选择：①产品应适应养殖南美白对虾不同生长阶段，避免饲料营养配方不相匹配，而发生营养代谢病。②饲料的粒径要适合南美白对虾的口径大小。③饲料的整齐度和一致性好。鉴别方法：饲料的表观颜色均一；尝几粒味道差异不大；放入透明的玻璃瓶中浸软发散后，残留颗粒大小差异小。④黏合糊化程度好，要求饲料袋中无粉尘集中现象，放在水中至少 1 小时不散开。⑤标识要清楚，要有组成成分质量参数，出厂日期与保质期，保存要求、使用方法及注意事项等。

2. 饲料的投喂技术

（1）投喂场所。仔虾时期多在池边浅水区域活动，池周 0.3～0.5 米深处是理想的投饲区，随着虾的生长逐渐向深水区移动，中期可在 0.5～1 米深处投饲，切忌在中心沟等深水处投饲，因为水深 2 米以上的深水区溶氧不足，南美白对虾很少在此水层栖息和觅食。长条形池塘，可在进水口留出一段不投饵区，作为南美白对虾栖息和缺氧的避难场所。

（2）投喂次数。南美白对虾有连续摄食的特点，但有一定的节律性，昼夜有两个摄食高峰，分别在 18～21 时和 3～6 时，白天 9～15 时摄食量最低。为了提高饲料利用率，减轻残饵对池水的污染，加快南美白对虾的生长速度，养殖中后期应每天投饵 4 次，夜间投饵总量应占日粮的 50％以上。具体投饵时间及比例：6～7 时，比例 30％；11～12 时，比例 15％；17～18 时，比例 35％；20～23 时，比例 20％。

（3）投饵量：应根据天气、成活率、健康状况、水质环境、蜕壳情况、用药情况、生物饵料量等因素确定。虾苗刚下池时，投喂量每 20 万尾苗 1 千克左右；随着虾体的长大，可按在池虾体重确定日投饵量，可参考以下比例数据：幼虾（3g 以下）7％～9％；中虾（3～6g）5％～7％；成虾（6g 以上）3％～5％。并经常检查饵料台的摄食情况，及时调整饵料投喂量。原则是在南美白对虾吃饱的前提下，尽量缩短饲料在水中的浸泡时间，以减少饲料营养成分的浸出流失，同时减轻对池水的污染。尤其是南美白对虾有贪食行为，暴食过后会出现厌食现象。

（4）投喂原则：①坚持勤投少喂，虾苗下池至虾体重 3 克以内，日投喂 4～5 次，以后每天投喂 3 次左右；②傍晚后和清晨多喂，烈日条件下少喂；③饵料投喂 1.5 小时后，空胃率高（超过 30％）时适当多喂；④水温低于 15℃或高于 32℃时少喂；⑤池内竞争对象多时适当多喂；⑥水质良好时多喂，水质恶劣时少喂；⑦池内生物饵料充足时可适当少喂。

（5）提高饲料报酬的途径：

1）增加池水溶氧：为了保证南美白对虾最大限度利用所投喂的饲料，达到充分生长的目的，水中的溶氧应不小于 5 毫克/升。

因此，在高密度养虾时，要考虑安装增氧机或底增氧系统，并在养殖过程中要经常测定溶氧指标，采取加水换水、改善底质、使用增氧机等措施，使溶氧充足，利于饲料消化吸收、降低饵料系数。

2）改善池塘水质：在虾苗放养前，要清除池底过多的淤泥，平时做到勤巡塘、勤观察、勤检查，注意水质和底质的变化，使用水质改良剂（如沸石粉、活性炭、陶土、光合细菌、EM 菌等），定期做水质理化指标化验和分析，发现问题及时处理，使水体中的 pH 值、盐度、溶氧、氨氮、亚硝酸盐等均在良好的控制范围内。

3）重视驯食：南美白对虾对饲料有选择性，摄食行为受条件反射影响，在变换饲料品种、规格时，必须经过一段时间的驯食。通过驯食，使对虾形成定点、定群抢食的习惯。人工驯食，每天3～4 次，每次 1 小时左右，要求少撒慢撒，经过耐心驯食，最后即可确定每天每次的投饲时间及投饲速度。

4）控制野杂鱼：精养虾池在加水、换水时，很难避免混进一些野鱼、虾或卵，它们在池中繁殖生长，与养殖虾争食、争氧、争空间。因此，在虾苗放养前，要彻底清塘消毒，经密眼网过滤进水，防止混入野杂鱼、虾及受精卵。

三、选择南美白对虾配合饲料的误区

最初我国水产工作者根据南美白对虾生理特点及国外养殖经验推荐南美白对虾饲料粗蛋白质含量为28％～32％，当时养殖成功率非常高。可是随着养虾产业逐渐扩大、产量不断增高、逐利心态不断增强，南美白对虾饲料粗蛋白质标准也是节节攀升，到目前为止南美白对虾饲料粗蛋白质含量达到45％以上，而且不管什么养殖模式、什么养殖阶段都在追求高蛋白质饲料。

从南美白对虾引进，到在我国小规模试养成功，到大规模高产养殖成功的黄金时期，一直到现在每况愈下，成功率大幅降低（全国成功率只有 20％～30％），当然原因是多方面的（养殖环境、苗

种退化、养殖技术等），其他方面暂且不谈，只是谈谈南美白对虾饲料方面的一些看法及存在的问题。

1. 不分模式、不分阶段的过分追求高蛋白质饲料。导致虾体发育受阻，增加身体负担，免疫力下降，成活率下降。

2. 饲料原料选择过于随意，什么非常规原料都敢使用。有些劣质原料添加后直接导致对虾发病，养殖成功率下降。

3. 为了追求所谓诱食，过量添加鱿鱼膏、劣质鱼粉鱼油等。其实有时真起不到诱食效果，只是诱人而已。

4. 过分追求饲料系数，认为饲料系数低就是好饲料。我们想一想饲料系数再低，大部分都没养成，能是好饲料吗？当然，原因可以推给苗种、水质、天气等。

根据以上一些存在的问题，提出以下建议：

（1）根据不同的养殖模式、不同的养殖阶段配制不同的适口饲料。前期饲料，如果有条件的尽量选用膨化机生产的膨化饲料（熟化饲料），这样有助于提高前期养殖成活率。

（2）饲料原料严格把关，一些非常规原料及劣质原料严格禁止使用（劣质血粉、劣质鱼粉、劣质肉粉、羽毛粉等），限制一些黄曲霉素高的原料及容易氧化原料的使用量或不添加。

（3）不要过分促生长、过分追求饲料系数。虾料是否优质第一个判定标准，应该是能否最大限度提高成活率，然后才是考虑降低饲料系数及缩短养殖周期。

第五章　南美白对虾的人工繁殖

20世纪90年代末，美国科研人员先后完成了南美白对虾的培育、交配、育苗和高密度养殖的科研攻关，在中南美洲已形成产业化发展。1988年7月，南美白对虾由中国科学院海洋研究所张伟权教授引进我国，1992年8月全人工繁殖获得成功，并于1994年人工育苗和批量生产获得成功。现在，我国南方的海南、广西、广东、福建等省（自治区）已能规模化生产南美白对虾种苗。

一、种虾的培育

中南美洲使用的南美白对虾种虾多数从自然海区捕捞，但捕捞种虾时应防止精荚脱落。挑选健康无损伤的、体重50～60克的种虾，以雌雄比例（1～2）∶1放入室内水槽储养，放养密度为4～5尾/米²，水温26～27℃，盐度33‰～35‰。每日蓄养池换水50%左右，并进行充气，蓄养池以黑色遮光网遮盖，池内光照度小于100勒克斯。投喂新鲜牡蛎、乌贼、冷冻沙蚕等饵料，日投饵量为虾体重的10%左右。

目前国内南美白对虾种虾的来源：一是从美国的夏威夷引进无病毒种虾SPF，但数量有限且价格昂贵；二是来自中南美洲未作检验认证的养殖大虾或天然海虾大量引入台湾，再从台湾引进这种未作病毒检测PCR的成熟种虾；三是我国在池塘中选择SPF第一代F1或第二代F2或普通的个体大的成虾进行强化培育成成熟种虾。

南美白对虾亲虾一般要求体重20克以上，体长12厘米以上，身体健康无损伤。有条件的单位应在培育种虾的全过程对亲虾进行PCR检测和追踪。室内亲虾培育的放养密度为8～20尾/米²，雌雄比例为 1∶1～1∶1.5，水温 23～28℃，以 23℃为临界的水温下限，升降温时日波动幅度控制在±0.5℃之内。培育期间为弱光条件，并保持环境安静，光照强度一般为 300～500 勒克斯。亲虾性腺发育需要高盐度条件。在亲虾培育过程中，盐度保持在 27‰～32‰。饲料种类是决定亲虾性腺发育成熟的主要因素。南美白对虾的亲虾成熟需要高质营养。主要投喂鲜活饵料如沙蚕、牡蛎、鱿鱼、乌贼、贝肉、小杂鱼等。日投饵量一般为虾体重的 10%～15%，根据摄食情况及时调整，日投饵次数为三次，9 时、15 时、21 时。培育池水位高低对亲虾有一定影响，水位控制在 120 厘米较为理想。每日换水 1 次，换水量为 30%～50%，后期换水量加大，及时清除虾壳与死虾、残饵与粪便，定期换池，保持水质良好，pH 为 7.6～8.5，氨氮含量不超过 0.5 毫克/升，采用不间断充气，溶解氧在 5 毫克/升以上，定期投施抗生素及消毒药物。在亲虾培育过程中，引发虾病的主要病原体为桃拉症病毒（TSV），病症为虾体变黄、步足、游足及尾柄呈红色，虾体没有活力，一经发现要及时捞起并隔离处理。亲虾性腺发育成熟除加强营养外，还要求达到一定的积温数与生长月龄，亲虾在不摘除虾眼柄，雄虾长至 11 月龄，雌虾长至 13 月龄，性腺均可达到自然成熟，亲虾培育成活率最高为 93%，最低为 68%，平均为 80%。成熟种虾能自行交配产卵，产卵孵化率在 19%左右。

二、怀卵量和产卵

南美白对虾成熟卵巢的颜色为红色，但产出的卵粒为豆绿色。头胸部卵巢的分叶呈簇状分布，仅头叶大而呈弯指状，其后叶自心脏位置的前方出发，紧贴胃壁，向前侧方向（眼区）延伸；腹部的卵巢一般较小，宽带状，充分成熟时也不会向身体两侧下垂。体长 14 厘米左右的对虾，其怀卵量一般只有 100000～150000 粒。

南美白对虾与其他对虾一样，卵巢产空后可再次成熟。每两次产卵间隔的时间为 2～3 天（繁殖初期仅 50 小时左右），产卵次数高者可达十几次，但连续 3～4 次产卵后要伴随 1 次蜕皮。

亲虾产卵都在晚上 9 时至黎明 3 时之间。每次从产卵开始到卵巢排空为止的时间仅需 1～2 分钟。南美白对虾雄性精荚也可以反复形成，但成熟期较长，据观察，从前 1 枚精荚排出到后 1 枚精荚完全成熟一般需要 20 天。但摘除单侧眼柄后精荚的发育速度会明显加快。黑暗（50 勒克斯以内）和低温（20℃以下）能有效地抑制卵巢的发育，特别是卵巢的发育正处于第Ⅲ期以前的更是如此。未经交配的雌虾，只要卵巢已经成熟，也可以正常产卵，但所产卵粒不能孵化。

三、人工催熟及精荚移植

南美白对虾为开放型纳精囊类型。其生殖习性与中国对虾不同。雌雄虾性腺完全成熟后，才进行交配。交配时，雄虾排出精荚黏附在雌虾胸部第 3～4 对步足之间（纳精囊位置）交配后数小时，雌虾开始产卵，精荚同时释放精子，在水中完成受精。

南美白对虾人工育苗，大都采取让种虾自然交配的方式，然后挑选交配过的雌虾，放入孵化槽或水泥池中产卵孵化。此种方式，虽然能够大量生产虾苗，但需较多的种虾。在南美洲，南美白对虾也采取人工催熟、精荚人工移植技术进行人工育苗，效果也较好。操作技术如下：从自然海区采集种虾，经过一段时间蓄养，待其完全适应池内环境条件以后，即进行人工挤眼球作业。首先将蓄养的种虾捞入充气的黑色桶内，再将雌雄虾皆挤去右眼球，操作宜在水中进行。然后将去眼球的种虾放回原池继续培养。再经过一段时间暂养，去眼球的种虾会陆续成熟，此时进行人工移植精荚。南美白对虾开放型精囊位于第 3～4 对步足之间，性成熟的雄虾，其纳精囊呈乳白色。人工移植精荚，须选择成熟度高的雄虾，在其第 5 对步足基部以拇指轻轻推，精荚即出。然后将精荚附在雌虾纳精囊位置上。再小心将雌虾放入小型黑色桶内，待其产卵、受精。桶内充气量要小，以防精荚脱落。桶上要用黑色遮光网遮光。

目前，国内种虾性腺促熟较为常用的是切除眼柄法。用镊烫法摘除种虾单侧眼柄，以人工诱导雌、雄种虾性腺发育成熟。手术后，种虾会受到一定影响，体质较弱，操作过程中也可能对其造成损伤，极易死亡。3～4 天后手术的单侧眼球坏死、断掉，虾体逐渐恢复正常。

南美白对虾个体生长周期不到 1 年，可以进行育苗，但生殖腺不是非常饱满，种虾怀卵量少，从而影响出苗率。通过切除单侧眼柄，使其生殖腺快速发育，其效应时间为 4～25 天，90％以上的亲虾性腺发育成熟。

四、诱导交配、产卵

在亲虾培育池中，每隔 2～3 天，在换水水位降到 20 厘米时，用灯光透视，检查亲虾性腺发育情况，凡性腺成熟度达到 V 期以上，立即用手抄网捕起，将其移入预先准备好的诱交池中，成熟的雌虾在头胸甲沿至身体的背面有明显的橘红色卵巢腺，雄虾则第 5 步足基部外侧有对白色的精荚。诱交池中雌、雄种虾性比为 1∶1～1.5，放种密度为 8～12 只/米²，采用人工诱导和自然交配相结合的方法，以期达到交配、产卵的目的。

五、受精卵的采收与孵化

雌、雄亲虾在诱交池中进行交配、产卵后，于翌日清晨，检查卵子发育情况，进行收集、洗卵、计数后放入孵化槽内。孵化过程是在圆形玻璃钢槽中进行，其孵化水用经 60 目筛绢网过滤，力求水质清新，水温调至 26～27℃，加入 EDTA 二钠盐 10 毫克/升，一定剂量的抗生素，经 5～8 小时，孵出无节幼体，计数后移入相应的幼体培育池中进行培育。

六、虾苗淡化与运输

（一）南美白对虾虾苗淡化技术

南美白对虾对盐度的适应范围非常广泛，在淡水环境中也可以进行南美白对虾的养殖，因此对于南美白对虾的淡化非常重要。

南美白对虾与斑节对虾、中国对虾并列为世界养殖产量最高的三大优良对虾种之一。该虾具有生长快、养殖周期短、能适应低盐度生长、养殖效益高等优点，现已成为我国主要的对虾养殖品种之一。为了发展南美白对虾的淡水养殖，全国各地修建了许多南美白对虾的虾苗淡化工厂，从事南美白对虾虾苗的异地淡化培育，深得当地养殖户的青睐。进行虾苗的工厂化淡化具有淡化量大、成活率高、生产成本低等特点，有较高的推广价值。

1. 淡化池建设

根据南美白对虾虾苗对环境条件的要求，虾苗淡化厂应该建造在水质无污染、海淡水资源充足的近海地区。室内淡化池由混凝土建成或由水泥加砖砌成，内壁用水泥抹光。淡化池的面积控制在14～30平方米，池深0.8～1.2米，要求内壁光滑、不渗、不漏，四角呈弧形，池底朝出水口端有一定倾斜，比降约2%，使池水能彻底排净。出水口用胶塞堵住，不漏水，向外通入排水沟。淡化池要配有完善的加温、供气、海淡水供应等系统。

2. 放苗前准备

（1）淡化池准备：新建的淡化池先用水浸泡30天以上，再用漂白粉消毒，用水冲洗干净后搁置1天，最后用高锰酸钾消毒一次，5分钟后用水冲洗干净；旧池要在放苗前一天冲刷干净，用高锰酸钾消毒池子和充气石。淡化池消毒完后安装气石，每0.7～1.0平方米配备1个。

（2）进水：放苗前一天进水80厘米，将池水盐度控制在12‰，与虾苗出苗时的盐度一致。所使用的海水和淡水先后均要经过筛绢网、沙滤罐、棉质袋 3 次过滤。

（3）水质处理：放苗前 5 小时全池泼洒 EDTA，使其浓度达到 5 毫克/升，以降低池水中铜等重金属离子的浓度，减少重金属离子对虾苗的毒副作用。视具体情况对池水加温，将水温控制在 25℃。

3. 放养虾苗

（1）虾苗选择

淡化用的虾苗应选择体长约 0.5 厘米的优质虾苗，以保证有较高的淡化成活率。健康虾苗可以通过以下几种方法鉴别，一是看体色、体形：体色微微发黑，体形细长、大小均匀、体表干净、食线明显、虾体晶莹透明者为优质苗，体色发红、发白者为劣质苗；二是抽样观察：用烧杯舀取虾苗观察其粪便，粪便呈长条形的为体质好、肠胃好的虾苗，若呈稀软状则体质欠佳；三是看游泳能力：用白瓢舀取少许虾苗，搅动水体，观察虾苗的逆游情况，游泳时有明显的方向性，且有顶水游动（逆水性）和沾壁行为的为优质苗，顺水被卷入漩涡者为劣质苗。

（2）放养密度：虾苗的放养密度一般为 10 万尾/米²，可根据水质等实际情况略作调整。

（3）虾苗放养：目前，我国大多数地区南美白对虾淡化厂用于淡化的虾苗都是用尼龙袋充氧后从海南、广东等沿海地区空运而来的，所以，虾苗运到后不可立即放入培育池，而应先将运输袋放入淡化池中浸泡，待约 15 分钟后袋内外水温基本一致时再解开袋口，缓缓提起尼龙袋底两角，将虾苗放入培育池中。

4. 培育管理

（1）饲料投喂　虾苗淡化期间主要投喂虾片、车元和丰年虫。每 10 万尾虾苗每次的参考投喂量为虾片 2.2 克＋苗期开口饵料 0.3 克＋丰年虫卵 7.0 克，后期的投喂量可适当增加，具体的投喂量应根据虾苗密度、规格大小、水质情况等灵活掌握。虾片和车元每次称量好后置于 60～80 目的尼龙筛绢袋中，放在桶里加水用手捏挤，待其全部溶化后，再全池均匀泼洒。饲料应现配现投，放置时间不能过长，以防变质；丰年虫卵需经孵化出幼体再投喂。虾片和车元每间隔 3 小时投喂 1 次，日投 8 次；丰年虫分别在早 7 时和晚 7 时各投喂一次。

饲料投喂过程中要注意两点，一是饲料要泼洒均匀，否则会大量沉淀至池底，造成不必要的浪费，同时也会影响虾苗摄食，导致虾苗大小不均；二是虾苗放养后应立即投喂虾片、车元、丰年虫各一次，防止虾苗因长途运输饥饿死亡。

（2）水温控制　虾苗的入池水温控制在 25℃左右，入池后立即升温至 28℃，恒温一夜，第二天降温至 26℃，以后一直维持在此水平。培育前期有一个突然升温过程，主要目的是有效刺激虾苗顺利蜕壳，提高其成活率。

（3）淡化　虾苗淡化要缓慢进行，池水盐度每天的下降幅度不超过 3‰。淡化前 2 天每天向池内加入经处理过的淡水 15 厘米；淡化后 3 天每天先排出 30～40 厘米池水，再分两次加入 30 厘米淡水，每次加 15 厘米，前后间隔 30 分钟。加淡水时水流不能过急，否则容易出现白苗。较好的办法是使淡水经打孔的塑料管向池内均匀喷洒。

（4）充气　24 小时充气，以保证苗池中有充足的氧气供应，并使饲料均匀分布和保持悬浮状。

（5）疾病防治　虾苗淡化期间要重视疾病的预防工作，前 3 天每天可以向饲料中添加适量抗生素，如呋喃西林、土霉素或暮帝纳斯，后期选择聚维酮碘、醛类对池水消毒。

5. 出苗

一般经过约 7 天的淡化后，虾苗的体长由原来的 0.5 厘米增加到 0.8 厘米左右，成活率达 80% 以上。淡化工作结束时可以将虾苗移入室外淡水水体养殖。

6. 虾苗淡化注意事项

（1）目前，大多数南美白对虾淡水养殖场（户）都是在池塘内围出一角用来进行淡化标粗培育，由于南美白对虾淡化培育的污水含有盐分，常年累积容易造成池塘土壤的盐碱化，且不易逆转。工厂化淡化省去了池塘淡化工作，既避免了池塘土壤盐碱化，又降低了养殖南美白对虾的技术难度，为南美白对虾池塘高产养殖提供保障，在生产中值得推广。

（2）南美白对虾虾苗的体长达 0.3 厘米以上时即可开始进行淡化工作。但通过生产实践发现，虾苗规格达 0.5 厘米时淡化成功率较高，因此，选择较大规格的虾苗进行淡化生产效果更好。

（3）虾苗具有趋光性，若长时间受强光直射，虾苗会集中在一起，容易引起相互残杀。因此，生产中要注意控制室内光线，白天室内光线较强时要在淡化池上搭好遮阳网，晚上喂完饲料后应立即关灯，防止因局部虾苗密度过大而互相残杀。

（4）虾苗淡化过程中，必须进行水质观测和虾苗生长情况的检测。每次投喂 1.5 小时后应随机抽样检查虾苗的游动、摄食、成活率等情况，并用显微镜观察虾苗体表是否有杂物附着或寄生虫等；每天观察水色，以茶褐色为最好；上午与下午各测量水温 1 次，隔天测定水体的 pH 值、氨态氮含量等，控制 pH 值在 7.5～8.5，氨态氮含量＜0.5 毫克/升。

7. 入池塘前淡化

为提高苗种放养成活率，虾苗在投放于池塘前必须进一步淡化，以适应本地的养殖环境。在虾苗淡化过程中应注意以下技术要点，确保南美白对虾丰产丰收。

（1）增氧设施配备到位。在淡化过程中，淡化池塘面积较小，苗种密度较大，为保证池水溶解氧达到 5 毫克/升以上，宜采用底部微孔增氧方法，每平方米布置 1 个气头，达到溶解氧和虾苗密度均匀。

（2）池水盐度适宜。投放虾苗前，应测量虾苗袋中的水盐度，然后根据该盐度调制淡化池水盐度。一般我们所配制的池水盐度在13‰左右。

（3）投放方法正确。在调制池水的同时，也要检测 pH 值、氨氮、亚硝酸盐，常规水质指标达标后方可放苗。虾苗打包袋先放在淡化池中，待内外水温相近后即可投放。放苗一般在晴好天气傍晚进行，第二天投喂开口生物饵料。

（4）淡化技术到位。在投苗后第三天开始淡化，加入一定量的新鲜淡水，使盐度降低 1～2 格，以后每隔 1 天淡化一次，直至盐度降至 0。该阶段要注意，后期要比前期淡化慢一点，使虾苗逐步适应，调节体内渗透压，提高成活率。一般情况下，淡化时间控制在 2 周左右。在淡化期内，养殖池塘应做好各项淡化好的虾苗放养准备，确保准时投放。

（二）虾苗长途运输技术要点

由于水质、技术、气候等因子的限制，南美白对虾的育苗区域目前还很局限，因此，某些地方如果要养殖南美白对虾的话，就必须从其他地方调运虾苗。目前，南美白对虾种苗场比较集中的地区主要分布在广东湛江、汕尾、深圳，海南文昌、琼海，福建厦门、漳州等地区。由于南美白对虾虾苗生命力较弱，所以虾苗运输的技术要求比较高，短途运输和长途运输在运输方法上又有一定的区别，下面就南美白对虾虾苗长途运输的技术要点做一些相关介绍。

1. 提前掌握相关信息

（1）关注气象信息。长途运输现有车运和空运两种方法，如果采用空运的方法，气象信息就相当重要，因为一旦天气情况不好，造成飞机延误，虾苗的成活率将会大大降低。气象信息可以通过电视、网络或其他媒体了解到，也可向相关机场查询。

（2）确定运输方式后了解相关信息。选择车运还是空运的长途运输方式要根据运输成本和虾苗的成活率来确定。一般从厦门运到浙江、广东等路程相对较近的地区多选择车运，而到山东、河北、辽宁等地多为空运。如果选择空运，要尽早定好舱位，可以通过机场或托运代理公司购买。选择航班时，尽量选择直航班次，不得不转机换乘班次时要问清楚转机时间，转机时间耽搁得太久的班次不宜使用。另外，还要了解飞机到达目的机场需要等待多长时间才能提货，提货等待时间太长的班次也不宜选用。虾苗运到目的地机场后，往往还需要一段时间的汽车运输才能够运到当地暂养苗场，因此接货人在了解航班的基础上必须及时将虾苗从飞机货场取出，并运到暂养苗场。此外，运输时间的节省也非常重要，一般从种苗厂到机场先使用汽车运输，所以应尽量掌握好对接的时间。

（3）掌握水质信息是关键。开始运苗之前一定要了解清楚出苗地和放苗地的水质因子，比如盐度、水温等，然后根据出苗地和放苗地的盐度对比来确定怎样调节盐度。比如从厦门运往珠江三角洲、江浙沪一带的虾苗，在出苗前都需要淡化。但是，盐度和温度的调节都不能过快，应循序渐进，避免增加淘汰率。一般育苗场所说的盐度实为比重，盐度的调节以比重计上最小刻度计算，每天不超过 3 小格刻度为宜。如果一天之内突然将海水比重从 1.01 降到 1.00，虽然当天粗略看上去整个育苗池中没有多少虾苗淘汰损耗，但实际上虾苗体质已被削弱很多，不再适宜做长途封闭式运输。育苗池内水温一般在 30℃ 左右，在出苗前应有意识提前降温，使育苗池水温逐渐降到室温。运苗者订购虾苗之后，应该提醒技术员做好调整工作。

2. 准确判别虾苗质量

要将虾苗尽可能少损耗地运往外地，虾苗质量是关键。虾苗质量包括几个方面，其中最主要的是活力和均匀度。

（1）活力的判别。南美白对虾虾苗在池塘中长到体长 0.6～0.7 厘米时开始出现苗层的分化，健壮苗种大多分布在水体中上层，而体质弱一点的则集中在水体下层。看苗的时候，要用手抄网从育苗池底部打一批苗起来，先放到水瓢中，用手搅动形成水流，活力好的虾苗应逆流而行，水停止流动时聚在一起的虾苗应迅速从水瓢中间游开，均匀分散在水瓢中，然后将虾苗倒入烧杯中，观察虾苗摄食肠道的饱满情况，更重要的是查看有无病弱苗，那种身体发白、游动无力、歪头的虾苗属于将被淘汰的苗，而活力好的苗则体色透明无斑点、游泳足不红、身体不挂脏、游泳时身体平直且活泼、逆水性强。

（2）均匀度的判别，在辨别虾苗的均匀度时，应将虾苗用池水稀释，否则密度过大而看不到小苗就会影响辨别。整体上均匀的苗是好苗，证明整个育苗池投喂均匀，虾苗长势好。另外，看苗时还要了解育苗过程中的水温、池水淡化的幅度以及所用亲虾的情况，育苗的水温高于31℃时称为高温苗，虾苗的体质较弱；池水淡化的幅度以每天 0.001‰为最理想。一般来说，来自原产地的亲虾产出的苗种则体质较来自台湾的好，而且代数越低质量越好，但价格相应较贵。上述因素要综合考虑，最终选择好自己需要的苗种。

3. 出苗及包装

（1）出苗一般在包装虾苗前 2 小时育苗池开始排水富集虾苗，此时应在集苗桶内准备好与育苗池盐度大概相同的海水，暂放苗桶内的水温应较此时育苗池内的水温低 3～5℃，虾苗包装运输用水视运输时间和距离、密度和虾苗大小来确定，一般控制在 19～22℃，与暂放苗桶内的温差应小于 5℃。调节盐度和温度时，用充气的办法混合海水，注意要相隔一段时间多测几次，确定盐度和温度稳定在所需要的度数。虾苗出池后，放入暂放桶时的密度不宜过大，最好低于每桶 250 万尾，密度越低则虾苗的成活率相对越高。

（2）包装长途运输，特别是需要空运的虾苗，打包装的用水量和装苗量关系到虾苗的成活率和空运成本，所以要慎重考虑。长途封闭运输的虾苗大小最好在体长 0.7cm 左右，过小则体质弱而经不起折腾，过大则活力强而容易自相残杀。体长 0.7cm 左右的虾苗，若空运则使用正方形泡沫箱，每袋可以装 13 万～15 万尾。包装时在袋内装入 1/3 的过滤海水和 1～5 毫克/升的抗生素，2/3 充足氧气，然后将袋口扎紧放置在泡沫箱中。如果虾苗活力很好且大小均匀，则可多装一点，有人曾最高装过 20 万尾/袋，成活率也还不错。为了防止运输途中封闭的泡沫箱内温度上升，还应采取措施进行温度控制，如果为空运的话，可将冰袋系在第一层塑料袋外，最后将泡沫箱用胶布包扎好（泡沫箱盖和箱子之间也要用胶布缠绕一圈），套上纸箱，装车运往机场。

虾苗运输过程中还有很多细节性问题，如出苗的时间不宜太早、到达暂养苗场的时间不宜太晚等，而且不同地区使用的具体方法也会略有区别，但只要着重注意好上述几个方面，虾苗的成活率就会有很好的保证。

第六章　南美白对虾成虾养殖

第一节　南美白对虾淡水池塘主养

一、虾苗养殖

（1）合理选择虾苗：虾苗长期近亲繁殖会导致品种退化、个头不均匀等现象出现。因此，养殖南美白对虾时，先要合理选择虾苗，所选虾苗应来源于正规厂家，并了解亲虾的来源。选购时，选择健壮活泼、体格均匀、透明度大、没有病灶的虾苗，体长应为0.8～1.0厘米。

（2）淡化处理：配置一个30～50米²的小水池，注入与育苗厂盐度相同的人工海水，放入虾苗，投喂虾片、丰年虫，充气，依据虾苗活动情况，每天加入淡水，使水池盐度下降0.5～1.0‰，持续10天左右，盐度低于0.5‰表示虾苗能够适应淡水，可移到大的池塘中养殖。

（3）放养：首先试水，在虾塘中固定一个小网子，放入少量虾苗，观察24小时，成活率在90％以下，则需将原因查明，施予相应处理，才可放养虾苗。其次，适时放养，水温在20～35℃，而且7天相对稳定，开始放养，放养时间为晴天的上午或者傍晚。最后，控制密度，一般控制为7万～8万尾/亩。

二、饵料投喂

1. 饵料选择

南美白对虾饵料主要为配合饵料、鲜活饵料，鲜活的饵料有一定保鲜难度，且会腐变，使池塘水质受影响，从而使虾出现疾病。养殖时，可尽量选择配合饵料，但需注意配合饵料质量的控制。

2. 基础饵料的培养

放苗前 10 天，清塘消毒，培养基础饵料。一般施入 100～150 千克/亩的发酵有机肥；或 1～1.5 千克/亩的生物肥料；或 1 千克/亩的氮素，0.5 千克/亩的过磷酸钙，以实现肥水的效果，培养池塘基础饵料。

3. 饵料投放

第一，南美白对虾的生态习性是昼伏夜出，基于此，白天应少投饵料，早晚多投。但这样一来，养殖水体白天光合作用较强，有充分的溶解氧量，但晚上缺乏光合作用，水体需要较大的耗氧量，溶解氧少，虾摄食过程中可能会因缺氧而死亡。对此，可对南美白对虾实施驯化处理，改变其习性，白天多投饵料，晚上少投；第二，控制投饵量。前期大量投喂，虾可快速生长，但可能会加重虾的肝脏负担，后期长势变慢，且可能发生疾病，因此，虾苗放养后的 15 天内，不投或者少投饵料，使虾摄食基础饵料，15 天后再投喂饵料。体重在 10 克之前，投饵量为体重的 6.4%，体重在 10～15 克，投入体重 4.6% 的饵料，体重在 20 克以上时，投入体重 3.2% 的饵料；第三，注重投饵原则的遵循，定时、定量，前期，一天投喂 3 次，检查对虾的摄食情况，适宜为 90 分钟吃完，若 60 分钟内吃完，则说明量偏少，需适当增加，若 120 分钟后有剩余，说明过多，需减投。同时，依据天气、水质等具体情况控制投料量。

三、水质控制

1. 清淤消毒

虾塘中的淤泥是虾塘水质变坏的主要影响因素，可对虾的成长产生直接的影响。对于使用了一年以上的虾塘，出虾后，需放干水，清除淤泥、有机物，随后以药物实施相应的消毒措施，以使虾塘水环境得以改善，提升养殖产量。

2. 追肥培养水色

即培养肥塘、藻类，尤其是在密度较高的虾塘中，此技术极为关键，可增加浮游植物量，不但可使虾塘藻相得以初步建立，使虾塘的环境更为稳定，而且能够为南美白对虾提供基础饵料。南美白对虾养殖的理想水色是黄绿或黄褐色，由绿藻、硅藻形成，这可净化水质。依据水质情况，5 天左右追加一次氮肥、磷肥，量为首次施肥量的 30%～50%，直至水色达到理想状态。

3. 采用微生物制剂调节水质

人工饵料投入后，塘内会有一定残留，加之塘中死亡的浮游生物、虾排泄物，会使有机物沉淀，导致水质恶化。因此，需定期以微生物制剂调节水质。如 10～20 天施用一次芽孢杆菌、光合细菌等微生态制剂，分解水里的有机物，使 pH 值更为稳定。

4. 换水

换水可以防止水质老化，使虾塘生态环境改善，添水换水时，先在蓄水池中引入水源，采用漂白粉、生石灰实施消毒处理，确保添加的水清洁、没有污染。在前期，主要添加水，中期隔天加水，并同时将适量的水排出，后期每天加水，3 天换水一次，但需将换水量控制在 30% 以下，避免因大排大灌使生存环境发生改变而导致虾的应激反应。另外，通过换水与添水，可使水色始终保持黄绿或者黄褐色，使虾塘成为一个天然生产氧气的工厂。

四、养殖管理

1. 巡塘检查

每天巡塘 4 次，分别为早、中、晚、午夜，观察虾的活动情况，有异常及时查找原因并处理；观察对虾的吃食状况和饵料的剩余情况，以此为依据确定第二天投喂的量；观察水质状况，主要为水的颜色与透明度。同时，定时测量水的温度、pH值、溶解氧等，尤其进入夏天之后，天气经常发生变化，对虾常有应激反应出现，使疾病发生。对此，可适当将巡查次数增加，及时发现问题并处理。例如，若溶解氧不够稳定，可定时开启增氧机。

2. 强化病害的防治

南美白对虾养殖时，由于虾在水中生存，生病后的治疗、隔离的难度都较大。因此，对于南美白对虾养殖中的病害，应以防治为主，定期对水体实施消毒处理，放苗30天后消毒一次，以后每15～20天消毒一次；定期将维生素C、病毒灵、对虾红体消等加入到饲料中，剂量为饲料的1‰～2‰。此外，还需注重苗种的检疫，控制饲料的质量、水质，将病害危险性控制到最小。

3. 合理轮捕

一般而言，经80～100天的养殖，120～160尾/千克后，部分已经达到了上市的规格。可先对大的对虾进行捕捞上市，留下小的对虾继续养殖，这样可以降低池塘的密度，使虾有更大的活动空间，从而提升养殖产量。另外，为了确保养殖效益，高温季节实施捕捞时，可利用地笼诱捕，不可拉网起捕，以免引发虾的应激方式，使虾体受到损伤，进而影响虾的品质。

南美白对虾有较为广泛的市场前景，近年来，此虾的养殖规模日渐扩大，对养殖技术提出了更高层次的要求。因此，养殖南美白对虾时，需掌握其生态习性，以确定科学的养殖模式，通过虾苗培育、饵料投喂、水质调控、精细管理等方面技术的提升，营造一个和谐的养殖环境，使养殖生态更为平衡，预防环境污染、病原体入侵，增强南美白对虾的生命力，提升养殖的成功率，进而促进养殖经济、环保效益的同步提升。

第二节　南美白对虾与河蟹池塘混养

近年来，南美白对虾、河蟹都是水产品中的重要品种。为提高池塘水体利用空间和养殖效益，江浙一带近两年来开展了池塘南美白对虾与河蟹生态混养技术的示范和推广，取得了较好的养殖成果，提高了养殖户的收入。现将养殖结果总结几项，供大家参考。

一、池塘条件

要养好南美白对虾与河蟹，池塘条件非常重要，在放苗前一定要对池塘进行彻底清塘消毒和种植水草，池塘清除过多的淤泥，修整池塘坡埂。要干塘暴晒池塘，并保证池塘水源充足，进排水方便，进排水分设，无污染，池底平坦且淤泥少。池塘四周做好防逃、防盗设施，设置南美白对虾暂养池。配备水泵、增氧机。搞好池塘的标准化改造和建设，创造虾、蟹良好的生活环境。

二、适时放苗

1. 南美白对虾与河蟹混养，由于时间和气温的变化，首先放入池塘内的是河蟹。幼蟹放养时间在 2 月底至 4 月初之间。放养密度为 700～900 只/亩、蟹种规格 180 只/千克左右，并要求规格整齐、体质健壮、爬行活跃、无病无伤。蟹种放养时用盐水浸洗一会，以消除病菌。

2. 南美白对虾苗放养时间 5～6 月中上旬，放养量一般 2 万尾/亩左右。南美白对虾运来以后，经过运输和气温的差别，在放养大池之前，一定要先放到暂养池中暂养。虾苗在暂养池期间注意水温和水质的调理，暂养 10 天左右后放入大池中养殖。

3. 配养鲢鳙鱼种：每亩配养鲢 40～50 尾，鳙 10～15 尾，以调节水质。

三、科学投喂

在饵料选择上一定要选择新鲜适口、粗细搭配、营养全面、优质健康的饵料来喂养南美白对虾与河蟹。坚持"四看""四定"的科学投喂法。"四看"即：看季节、看天气、看水色、看南美白对虾和河蟹的摄食及活动情况，灵活掌握。"四定"即：定时、定质、定量、定位投喂。

四、水质管理

在整个养殖期间，需保持水质清新，溶氧丰富，pH 值在 8 左右，透明度 30～40 厘米。做好水质的监（检）测，并及时调控水质。根据每天的天气、水质、蟹虾的摄食、生长等情况，及时采取调节措施，发现问题及时解决，保持水质良好状态，创造虾、蟹良好的水质生长环境。养殖中后期每天中午开动增氧机 2～3 小时，傍晚至清晨及时开机，防止虾蟹缺氧浮头。

五、病害防治

坚持"以防为主、防治结合"的原则，将防病意识贯彻到生产的每个环节。蟹苗放养前，池塘进行一次水体消毒，5～6 月中上旬虾苗放养后，在虾饲料中添加益生素可提高南美白对虾的抗应激能力，用二氧化氯等消毒药，预防南美白对虾和河蟹的病害发生。10 月始，随着捕捞干塘的进行，重点抓河蟹的后期防病工作。

六、日常管理

坚持每日早、中、晚巡塘，检查蟹、虾的摄食、生长、活动、病害、水质、水位等情况；检查防逃、防盗设施是否完好、有无敌害等。做好养殖档案记载和养殖日志，为来年养殖打好基础。

第三节　青虾与南美白对虾池塘轮养

除南方广东、广西沿海一带和海南省，由于气温较高，可以多茬养殖以外，内陆省份南美白对虾养殖池塘均有很长时间的空闲期。南美白对虾与青虾轮养，即在同一池塘养殖一茬南美白对虾和一茬青虾。南美白对虾是热带性虾类，常规养殖生产周期不超过120天，采取南美白对虾和青虾轮养可有效地提高池塘利用率，提高经济效益。现将该技术介绍如下：

一、时间衔接

5月初清塘消毒，5月中旬至6月上旬投放南美白对虾虾苗，在暂养池中进行二次淡化培育，6月中旬至10月中旬为南美白对虾成虾养殖期，10月中旬开始捕捞销售。11月初清塘消毒，药性消失后放入青虾苗，11月上中旬至翌年4月底为青虾饲养期，此期间可多次轮捕上市。

二、虾池配套设施

虾池面积可大可小，一般以10~20亩为宜，水深2~2.5米，水源无污染，进排水方便。通电和水陆交通便利。每5亩水面配备3千瓦增氧机1台、进水口设置抽水机1台；可联户配套简易饲料加工机1台；每个虾池配置1条2~3吨的水泥船。为了种苗配套，可在大塘的一角或一端开挖占大塘面积3%~5%的暂养池。

三、清塘消毒

每茬虾捕捞结束后，都要排干池水，铲除表层淤泥；晒塘至表面干硬龟裂即可。放种前2周左右，每亩用100千克生石灰溶化后均匀泼洒池底，并用人工方法将池子耙一遍，隔数日进水盖过全部池底，每亩分别用 2～3 千克二氧化氯和浸泡的 50 千克茶籽饼全池泼洒。放种前 1 周注入清洁水。

四、虾苗放养

南美白对虾在暂养池中二次淡化培育 15 天左右（暂养密度每平方米 1000～1500 尾）放入大塘中饲养。然后暂养池放养抱卵亲虾自繁自育青虾苗种。放养密度：南美白对虾每亩放 1～1.2 厘米的虾苗 3 万尾，青虾每亩放 1.5～2 厘米的虾苗 1 万尾左右，同时每亩可套放鲢、鳙鱼种 50～80 尾。

五、饵料投喂

南美白对虾饵料的蛋白质含量在 20%～35% 范围（幼虾期30%～35%，中虾期及商品虾期 20%～25%），日投饵量为虾体重的比例幼虾（3 克以下）7%～9%，中虾（3～6 克）5%～7%，成虾（6 克以上）3%～5%，每天投喂 2 次，以傍晚投喂为主。饵料颗粒前期粒径 2 毫米以下，中后期 3～4 毫米，后期增喂一些小杂鱼、螺、蚌、蚬肉等动物性饵料。青虾在冬春水温低时，趁晴天在向阳处可几天投喂一次，生长期按在池虾体重 3%～5% 的量投喂。

六、水质调节

养成期间的水质 pH 值保持在 7.6～8.5，溶解氧在 5 毫克/升以上，透明度保持在 30～40 厘米。根据池水的肥瘦、天气情况适当施肥，采取少量多次的施肥方法，使水色呈黄绿色或茶褐色。定期加注新水，每次加水量不超过池水的 20%，加水时应避免冲动池塘底泥。南美白对虾生长旺季每天开增氧机 2 次，每次开机不少于2 小时。

七、日常管理

坚持早、晚巡塘，观察虾池水环境及虾活动摄食情况，发现问题及时采取措施。为预防南美白对虾疾病，可采取以下措施：①虾苗放养时可用"福尔马林"液浸浴 2～3 分钟。②生长期间，每隔 10 天左右交替使用微生态制剂、生石灰以调节水质，维持对虾生长良好水环境，生石灰用量 15～20 千克/亩；或每隔 15～20 天使用 1 次"溴氯海因"全池泼洒消毒。③每 20 天左右使用 1 次光合细菌。④喂养时在饲料中定期添加一定量的大蒜素、复合维生素、"对虾克菌王"等药物。

八、成虾收获

南美白对虾使用拉网进行捕捞，少量收获可用地笼、抄网等网具捕虾。

九、注意事项

（1）养殖南美白对虾要挑选经严格检疫的健康虾苗。

（2）定期抽测虾的生长情况（一般每 15～20 天抽测 1 次），针对长势，调整投饵、施肥等管理措施。

（3）微生态制剂不得与水体消毒剂、生石灰等同时使用。

（4）微生态制剂一般晴天使用，芽孢杆菌制剂施用时应开增氧机。

第四节　南美白对虾池塘综合种养

南美白对虾池塘生态综合种养是以养殖南美白对虾为主导产业，其间套养中华鳖，水面种植空心菜，冬春季节塘底种植黑麦草养两茬白鹅，是渔业、畜牧、种植直接结合的复合型农作模式。此模式的研究与开发具有提高土地利用效率，提高单位面积经济效益，提高劳动生产率，降低养殖风险，降低外源污染，降低药物使用的综合优势。通过生态系统物质能量的内部循环，运用生物种间关系，全面提升社会、经济、生态效益。

一、案例1——浙江余姚南美白对虾种养轮作

地处杭州湾南岸的余姚市传统的淡水养殖地区，现有可养水面8.8万亩。自2000年开始养殖南美白对虾以来，余姚市水产技术推广中心一直在致力于发展这一产业的生态综合开发。尤其是2007—2009年，从多个角度进行探索和试验，形成了一套相对成熟的技术。

南美白对虾养殖周期主要集中在6～10月，10月下旬至次年的6月中旬，养殖南美白对虾的池塘基本处于闲置状态。本模式就是利用了这个空闲季节进行黑麦草种植和禽类养殖，淡水鱼苗繁育，提高池塘利用效率，取得了较好的养殖效果，值得进一步探索、总结和推广。

二、案例2——澧县雷元林池塘南美白对虾养殖综合种养

澧县退休干部雷元林2015年流转澧浦街道皇山村100亩池塘，其中水面80亩，全部开展南美白对虾养殖，养殖效益较低，2015年虾上市后则用3个池塘，面积共18亩，冬种上海青、芥菜、菠菜、茼蒿等，2016年轮种冬季蔬菜后池塘南美白对虾养殖效益明显好于其他池塘，增效40%左右，取得了较好的种养效果。2016年底又在澧浦街道澹泙村流转池塘120亩，其中水面105亩，部分池塘轮种冬季作物。雷元林的两个基地南美白对虾养殖效益都在70万元以上，而澧县南美白对虾养殖面积2万多亩，成功者、保本者及亏损者约各占1/3，虾池综合种养降低了养虾风险，效益明显高于澧县其他养殖户。

　　本模式主要利用池塘空闲期种植冬季蔬菜，改善池塘底质条件，提高虾品质量，大幅提升池塘综合利用效益，值得大力推广。

　　（一）南美白对虾养殖效益分析

　　1. 收入：253.2万元

　　（1）收获虾：虾产量50000千克，单产270.3千克/亩；总产值约230万元，单位面积产值1.243万元/亩（46元/千克）；

　　（2）收获鱼：鲢鳙鱼250千克/亩，计划成本36400千克，23.2万元（以鲢为主，平均5元/千克）。

　　2. 投入

　　（1）种苗投入：放虾苗5万只/亩，单价100元/亩，计9.3万元；鱼种（鲢鳙鱼种）200尾/亩，约75元/亩，计1.4万元，合计10.7万元。

　　（2）土地流转：按500元/亩，185亩，计9.3万元。

　　（3）投入品（投饵、用药、调水改底剂等）：169.1万元，其中：

　　1）饵料：南美白对虾配合饲料（明辉牌），用量47吨，3400元/吨，计饵料成本159.8万元；

　　2）药物：解毒王，用量300瓶；健虾宝，用量400包；钙镁宝，用量1000包；加强型维生素，用量400包。成本约200元/亩，计3.7万元；

　　3）调水改底剂：利生降解灵，用量800包；利生底改王，用量300包；活水素，用量200瓶；丰虾宝，用量200瓶。成本约300元/亩，计5.6万元。

　　（4）工资：4人，3000元/月，计14.4万元。

　　（5）电费等：每天5元/亩，共80天，185亩，计7.4万元。

　　（6）增氧机等设备折旧1.5万元。

　　成本合计：210.9万元

　　3. 南美白对虾养殖效益：40.8万元

（二）蔬菜种类、产量、产值

1. 冬季蔬菜：主要有莴笋、红皮萝卜、白萝卜、上海青、白菜、芥菜、菠菜、茼蒿等。

2. 产量：500千克/亩（以种植最多的池塘计算）。

3. 产值：2000～2500元/亩（平均按2250元/亩），185亩，计41.6万元。

4. 成本：主要为种子成本，利用虾养殖沉积物中养分种植冬季蔬菜，按50元/亩，计9.3万元。

5. 冬种蔬菜种植效益：32.3万元。

（三）虾池种养轮作效益分析

1. 经济效益：71.1万元，4020元/亩，其中，虾养殖效益占56.4%，蔬菜效益占43.6%。取得了较好的经济效益，化解了南美白对虾养殖风险。

2. 生态效益：虾池冬种蔬菜后，底质全氮的含量从2.58～2.72克/千克、平均2.65克/千克，降至2.16～2.33克/千克、平均2.25克/千克，全氮下降15.1%；有机质的含量从40.1～42.9克/千克、平均41.5克/千克，降至31.2～34.5克/千克、平均32.9克/千克，有机质下降20.7%；全磷含量从0.703～0.752克/千克、平均0.728克/千克，降至0.522～0.595克/千克、平均0.559克/千克，全磷下降23.2%。

因此，虾池轮种蔬菜，在消解池塘底质氮、磷及有机质方面，取得了初步效果，冬种旱作蔬菜，晒池硬化了池塘底质，植物根系松弛了土壤，改善了池塘底质环境，增加了养虾时池底活性淤泥层，种养轮作池第二年养虾产量明显提高，投入减少，效益提高。

（四）案例分析与前景预测

1. 南美白对虾池塘种养轮作化解了南美白对虾养殖风险，取得了较好的经济效益和生态效益。目前南美白对虾池塘养殖的效益悬殊，成功率普遍不高，该基地虾池由于开展了种养轮作，2015

年以来，每年都取得了较好的种养效益，即通过冬种蔬菜，部分吸收了池底氮、磷，有利于养虾时水质管理，改善了虾池环境条件，取得了较好的生态效益，化解了南美白对虾养殖的技术风险；也增加了池塘收入，在南美白对虾产品价格走低、蔬菜价格上扬的市场条件下，获得了更好的经济效益，化解了南美白对虾养殖的市场风险。

2. 虾池冬种蔬菜应做到科学种植，提高氮、磷利用率。目前，该基地冬种蔬菜纯粹是从改善池塘环境的目的出发的散种，未翻耕、未测土，致使其降解率只维持在20％左右，只取得了初步的消解效果。应开展专门研究，选择吸收氮、磷能力强的菜种，科学种植，提高氮磷吸收转化效率，建立南美白对虾池塘综合标准，并开展虾池种养轮作"减排、提质、增效"的机理研究，以便大力推广应用。

3. 前景预测。南美白对虾池塘综合种养模式，养殖了名优且方便食用的优质水产品，改善了池塘、渔场环境，实现了减排，是渔业产业结构调整的有效途径之一，较好地达到了"减排、提质、增效、整合发展"的养殖目的，值得大力推广。

第五节　稻田养殖南美白对虾

南美白对虾又称白肢虾、白对虾、白虾，外形酷似中国对虾，是目前养殖虾业中最优良的品种之一。南美白对虾具有甲壳薄，肉质细嫩，加工出肉率高，抗病毒能力强，生长速度快，适应性强，养殖周期短，市场价格高等特点。生长水温为15～38℃，最适生长温度为22～35℃，能在盐度0.5‰～35‰的水域中生长。稻田养殖南美白对虾能充分利用稻田资源、提高稻田生态效益和经济效益，具有投资少、见效快、收益大等优点，是发展农村经济，引导农民致富奔小康的一条重要途径，现将南美白对虾稻田养殖技术介绍如下。

一、稻田选择及工程建设

1. 稻田选择　选择水源充足、水质良好、无污染、排灌方便的稻田，面积以 2～5 亩为宜，底质为泥沙。

2. 田间工程建设　田间工程建设包括环沟、田间沟和暂养小池。环沟沿田埂内侧田间开挖，要求沟宽 1 米、深 0.8 米。田间沟与环沟和稻田相连，视稻田大小还需挖横沟或"十""井"字沟，沟宽 0.8 米、深 0.5 米。暂养小池为 3 米×2 米×1 米，位于稻田排水口前或稻田中央。环沟、田间沟和暂养小池总面积占稻田面积15％左右。田埂加宽至 1～1.5 米，加高至 0.5～1 米。田埂上方用塑料薄膜圈围四周，高度为 1 米，以防白虾外逃和陆地的老鼠、蛇、青蛙等敌害进入。进水管采用管径 20 厘米的 PVC 塑料管，两端管口均用筛绢包扎，排水口用筛绢圈围防逃，筛绢一端埋入田底深 15 厘米，一端高出水面 50 厘米，两边嵌入田埂 10 厘米。

3. 遮阳棚　在离田埂 1 米处，每距 3 米打 1 桩（1.5 米高），用毛竹架设瓜葫架，田埂边种瓜、葫，藤蔓上架起到遮阴作用。

二、虾苗放养

1. 放苗前的准备工作　放苗前 10～15 天，进行稻田消毒，每亩使用生石灰 50 千克化乳泼洒。放苗前 7 天，注水 50～80 厘米。然后每亩施发酵人畜粪肥 200～300 千克。

2. 虾苗放养　虾苗必须经淡化处理，放苗时要试水安全无毒后方可投放虾苗；虾苗以体长 1～1.5 厘米的苗为好；放养密度为 1万～2 万尾/亩。争取在 5 月上旬以前放好苗。

三、饲养管理

1. 饵料投喂　虾苗放养后前 10 天，一般不投饵或少量投喂虾苗专用饲料，主要以基础饵料为食。10天以后开始投喂虾专用配合饲料为主（配合饲料要求蛋白含量30％以上），并搭配少量洗净绞碎的福寿螺以及淡水杂鱼，以增强白虾体质。日投饵量为虾总体重3％～8％。每天早、中、晚投饵量比为2∶3∶5。

2.水质调控　养殖前期沟中水透明度保持25～40厘米，养殖中后期，田沟中水透明度保持35～60厘米，为保证有较高的溶氧量，要经常加注新水。

3.日常管理

（1）每天早、中、晚坚持巡田，观察沟内水色变化和虾吃食情况，以确定投饵量和加注新水；

（2）检查进出水口筛绢是否牢固，清除过滤物；

（3）在水稻施化肥时，可先排浅田水，让虾集中到环沟、田间沟和暂养小池之中，然后施化肥，使化肥迅速沉积于底层田泥中，并为田泥和稻禾吸收，随即加深田水至正常深度；

（4）施农药时要特别注意，严格把握农药安全使用浓度，采取正确的用药方法，确保白虾安全。施药时，先排浅田水，把虾诱赶到环沟、田间沟和暂养小池中，再打农药，待药性消失后，随即加深田水至正常深度。

4.病害防治　坚持"预防为主，防重于治"的原则，做到无病先防，有病早治。严格把握渔药的安全使用浓度，定期泼洒生石灰等。

5.捕捞　南美白对虾经过80～90天养殖时间，即可开始收获上市，捕捞采用"迷魂网"和拉网的方法收捕，捕大留小，最后干田捕捉。

第六节　南美白对虾井水水泥池养殖及工厂化养殖技术

南美白对虾为较适合高密度工厂化养殖的虾种，海水、淡水均可养殖；池塘、稻田均可养殖；较大的池塘、较小的屋前屋后的庭院水体也可稍加改造，开展南美白对虾养殖；并适合开展工厂化养殖。养殖生产者可根据其条件，选择南美白对虾的养殖方式。下面重点介绍一下井水水泥池养殖及一般工厂化养殖。

一、井水水泥池养殖

（一）主要养殖设施

1. 室内养殖池 28 个，合计面积为 4 亩；室外池 3 个，面积分别为 1.5 亩、1.5 亩和 8 亩。总计 15 亩。新建水泥池应浸水 30 天左右，并经多次换水，方可投入使用。

2. 打两口深水井，深度达 90 米，盐度为 16‰ 左右，日出水量达 400 米^3，利用地下水作为养殖水源，可防止病菌污染，室内养殖池配备相关温度、光照调节设备，地下水经处理后进入养殖池，进行南美白对虾高密度养殖。

3. 养殖池的修整与消毒。5 月，组织人员对各水泥养殖池进行清淤、修整，清除池底的污泥杂物，用 50 毫克/升的漂白粉进行消毒，再用无污染的地下水进行充分冲刷，从根本上杜绝了病源的传播，保证了养殖生产的顺利进行。

（二）进水

将地下井水打入室外氧化池中，曝气一周，然后放入消毒后的育苗室中，培养基础饵料生物，每立方米水体施尿素 5 克，过磷酸钙 2 克，以后每天施前量的 50％，使透明度达到 30 厘米左右，准备放苗。

（三）苗种放养

1. 虾苗选择

在对虾养殖中，苗种十分重要，苗种的好坏直接影响到生产的成败。从育苗场购进健康的南美白对虾无节幼体 600 万尾，进行苗种培育，到 6 月中旬共育出商品苗种 150 万尾，苗种大小整齐，体长 1.5 厘米左右，活泼健壮，溯游能力强，体色透明，肝心区黑褐色。

2. 放苗时间

放苗时间为 6 月，池内水温为 21℃。

3. 放苗密度

150 万尾苗种分别投放到 31 个水泥池中，平均每亩放苗 10 万尾，每平方米放苗 150 尾。

（四）养殖期间的管理

1. 投饵

在养殖生产中，未投任何鲜活饵料，只用配合饵料，根据对虾体长确定投喂量的最低标准进行投喂。

2. 换水

换水采取随漏随添和虹吸排污添水的方法，春秋两季将地下水氧化后再放入池中，夏季直接使用地下水，水位保持在 1.5 米左右，水环境指标控制在：溶解氧大于 5 毫克/升，总氨氮小于 0.6 毫克/升，pH 值为 7.8～8.5，盐度日常波动小于 5‰。

3. 充氧

在每个养殖池内设两台充氧机，视水质状况向池水充氧，早期中午开机 2 小时，黎明开机 2～3 小时，并逐渐增加开机时间，养殖中后期除投饵停机外，一般昼夜连续开机，确保养殖用水溶氧丰富。

4. 病害防治

对养殖池进行严格消毒，高温期间每半个月施一次二溴海因＋PV 碘，并定期投放水产高效营养液，使养殖期间无大规模病害发生。

（五）养殖效益

经过 3 个月的养殖，对虾生长情况良好，平均体长达 12 厘米，共出成虾 1.12 万千克，平均 60 尾/千克，成活率达 50%，平均亩产商品虾 750 千克，每千克售价为 40 元，总产值达 45 万元，养殖期间总投入及固定资产折旧合计 17.75 万元，纯利润达 27.75 万元，投入产出比为 1：2.53，经济效益十分可观。

二、工厂化养殖

工厂化养虾就是利用现代化工业手段，控制池内生态环境，为对虾创造一个最佳的生存和生长条件，在高密度集约化的放养情况下，促进对虾的顺利生长，提高单位面积的产量和质量，争取较高的经济效益。具体来讲，就是在具有保温、控光的室内水泥池或塑胶池内，通过太阳能或其他热能把水温控制在养殖生物最适温度；通过充气甚至充氧，保证池内有充足的溶解氧，不仅供养殖对象呼吸所需，更可改善池内水质条件；通过适量换水，去除水中有害物质，供应和补充有益物质，保持优良的水质条件；通过化学或生物手段，建立一个优良的生物群落、抑制有害生物、避免严重疾病的发生；以优质的饲料保证对虾生长发育的需要，促进生长和提高抗病力，从而提高对虾的成活率和生长率，提高产品质量和数量，达到优质、高产和高效之目的。工厂化养虾的优点是产量高、多茬养殖和拓宽上市时间，尤其是疾病容易控制。

研究和生产实践证明：在所有的对虾类中南美白对虾是一个最适合高密度工厂化养殖的虾种。在无意外情况下，一般每平方米单茬可产白对虾 4～5 千克，而精养池塘一般亩产南美白对虾 400～600 千克。

（一）工厂化养虾的基本设施

工厂化养虾厂的基本设施有供水和水处理设施、养殖池及保温升温设施、供气增氧及动力设施，在进行封闭循环水养虾时，还应进行废水净化处理。

1. 水源和水处理设施

有地下咸水资源的地区应尽量采用地下咸水，其最大的优点是病原体少，在对虾白斑病毒病仍很严重的今天，使用地下水具有明显地防病作用，而且设施简单成本较低。只需打井和建一个贮水池，其容量是养殖总水体的 1～2 倍，其作用是暴气氧化水中还原物质并起升温之作用。某些地区地下咸水的化学成分组成与海水不同，在差别较大的情况下，虾苗难以成活，需进行化学离子的调整，为此应事先对地下咸水的化学组成进行分析，根据分析结果，进行适当的调整。

使用海水养虾者海水必须经过严格的过滤和消毒后方可使用，为此在沙质海区可建沙滤井，也可在低潮线附近埋设沙滤管道，沙滤水经管道流至厂区的贮水池或大口井。直接由海中提水者应建造消毒池，其容水量应能满足一日用水需求，共建两池，轮流使用。海水循环利用时需对养虾废水进行物理、生化及生物的净化作用，即废水首先经过过滤或沉淀去除大形的固体物质；第二步，由微生物将水中有机物分解为无机盐类；第三步，由浮游植物吸收掉营养盐类；第四步，由滤食生物吃掉浮游生物；第五步，由微生物进一步分解与水生植物进一步吸收无机盐类；第六步，消毒后再利用。其中第二至四步可以同步进行，也就是废水经过滤或沉淀后进入养贝池，在此池中既有微生物的作用也有繁殖浮游植物的作用和贝类的净化作用。此种方式占地较多，但可做到物尽其用，达到综合利用之目的。

例如：江苏省海洋水产研究所 2000 年试验的封闭循环式养殖模式是将虾池排出的肥水经过贝类养殖池，让贝类滤食掉水中的单胞藻及有机碎屑，由养贝池出来的海水经生物包的细菌分解，再流入消毒池经消毒、沉淀后再返回养虾池，对虾平均亩产量 811 千克。这样不仅避免了养虾废水对近海的污染，又使肥水得到了综合利用，具有经济和生态学双重价值。

2. 养虾池及暖棚

工厂化养虾池多种多样，但较好使用的有两种，即圆形或近圆形池及环道式养虾池。其共同特点是池水环形流均一，而且可将虾的粪便等废物及时排至池外，保持池内清洁。养虾面积多在 $100\sim1000$ 米^2，池深 $1.2\sim1.5$ 米。池壁一般为砖石结构，水泥砂浆抹面，池角弧形，避免磨伤虾的额角。

池底水泥砂浆抹面需平整光滑，以微小坡度（0.5%）顺向排水口。圆形池中央排水口周围约 2 米半径范围内建成锅底形以利于聚集污物。精养池塘多在 10 亩以下的小池塘中进行，其形状和结构与上述方形水泥池相同，亦有不设中央排污管，利用水泵或虹吸管吸出污物。精养池塘还需设排水闸门，以利于换水和收捕对虾。

为了提高水温、延长养殖期，还可建塑料大棚或具有透明屋顶的温室。

3. 动力及增氧系统

养殖池内水的流动及增氧是高密度养虾的必需条件，它不仅可使池内水质条件均匀，还可把虾的排泄物集中于排污口排至池外，保持池内水质清洁。动水有三种方法：

较大的池子以使用水车式增氧机为佳，具有动水及增氧的双重效果，每亩水面早期使用一台 1 千瓦的增氧机，中后期增至两台。小型虾池可使用拐嘴气举泵动水兼增氧，利用罗茨鼓风机或其他无油鼓风机送气。每分钟的供气量应达养殖总水体的 $0.5\%\sim1\%$。水源充足者也可利用喷水推动池水流动，喷水管由水面以上斜向喷入池内推动池水流动，并可将空气带入水内，流水养虾法的日供水量应达养殖总水量的 $4\sim5$ 倍。也可根据已有条件，采取以上两种或三种方法并用。精养池塘每亩约需的增氧机，以水车式增氧机为佳。

有工厂余热和天然热源的地方，可利用该热能提高水温进行多茬养殖，可提高虾场的利用率，增加经济效益。

（二）放养

从育苗场购进健康的南美白对虾无节幼体进行苗种培育到体长

1.5厘米左右，要求苗种大小整齐，活泼健壮，溯游能力强，体色透明，肝心区黑褐色。放苗时间为6月，池内水温为21℃。平均每亩放苗10万尾，每平方米放苗150尾。

（三）日常管理

1. 投饵

在养殖生产中，未投任何鲜活饵料，只用配合饵料，根据对虾体长确定投喂量的最低标准进行投喂。

2. 换水

换水采取随漏随添和虹吸排污添水的方法，春秋两季将地下水氧化后再放入池中，夏季直接使用地下水，水位保持在1.5米左右，水环境指标控制在：溶解氧大于5毫克/升，总氨氮小于0.6毫克/升，pH值为7.8～8.5，盐度日常波动小于5‰。

3. 充氧

在每个养殖池内设两台充氧机，视水质状况向池水充氧，早期中午开机2小时，黎明开机2～3小时，并逐渐增加开机时间，养殖中后期除投饵停机外，一般昼夜连续开机，确保养殖用水溶氧丰富。

第七章　南美白对虾养殖的水质管理

第一节　南美白对虾养殖水质管理的主要内容

南美白对虾养殖过程中容易产生应急反应，水质各理化因子不能急剧变化。为防止南美白对虾出现应急反应，应加强水质管理。除常规的溶氧管理外，以下理化因子的管理对养殖成功与否也十分重要。

一、溶氧管理

水生动物不同于陆生动物，常生活在溶氧不足的水环境中，尤其是鳃呼吸的鱼类、虾类。水中溶氧是鱼虾生存、生长的基础，与其生长、繁殖密切相关。溶氧充足，鱼虾正常生长；溶氧不足，即便饵料充足，温度适宜，鱼虾也不生长，抗病抗逆性能下降。精养高产池塘，水生生物和有机质较多，溶氧的消耗量大，养殖鱼虾常常处于缺氧状态，或浮头影响生长，或泛塘窒息死亡，直接对鱼虾造成影响；溶氧对鱼虾的间接影响，就是因溶氧不足造成的池塘的厌氧反应，活性淤泥层减少，致使鱼虾生存环境恶化，条件致病菌滋生，引起养殖鱼虾病害，对养殖生产造成较大损失。据统计，每年由于溶氧不足所造成的鱼虾直接损失（泛塘）5亿～10亿元，间接的病害损失 100 亿元左右。

因此，溶氧是池塘养殖的关键控制因子，是生态养殖关注的重中之重。养虾池必须有良好的溶氧生产能力，水体应该溶氧丰富。水体溶氧分布不均匀，表层溶氧高、底层溶氧低，晴天溶氧高、阴雨天溶氧低，应重点关注阴雨天溶氧、底层溶氧、淤泥层溶氧，开展溶氧精细管理，测氧养虾。

溶氧管理，首先池塘必须有良好的溶氧生产能力，虾池的氧主要来自于浮游植物的光合作用，因此应培水养水，保护浮游植物的光合作用和溶氧生产能力，控制池塘氮磷浓度，保持能量流转、物质循环渠道畅通，避免水质老化，蓝藻过度繁殖形成"水华"；适时开启增氧机增氧。

二、pH 值管理

南美白对虾对水体酸碱度的要求与一般养殖的鱼类有所不同，一般鱼类只要水体 pH 值在 6.5～8.5 的标准值范围内均可，但南美白对虾养殖的最适 pH 值范围在 7.6～8.5，日波幅小于 0.5（6～8 时和 15～17 时各测一次）。pH 值小于 7.8 时施用石灰，每次 2～5 千克/亩来调高；pH 值大于 9 时，先用少量食醋快速调节，然后定期泼洒安消酶等稳定水质。

1. 水体 pH 值高低的判断方法及危害

（1）一天中池水 pH 值由于藻类光合作用强弱有高低变化。一般 pH 值最高在 14～15 时，pH 值最低在 2～4 时。上下午 pH 值一般相差 0.5 左右。水质变坏时，pH 值变化较早就是一个警示。

（2）养殖水体 pH 值淡水 6.5～8.5，海水 7.0～8.5，如果 pH 值过高易腐蚀对虾鳃组织。表层水 pH 值 7.3 以下一般可认为是低的，池底水 pH 值有时可能低于 7.0。pH 值下降使对虾血液中 pH 值也会下降，导致减少其血液运输氧的功能，易造成对虾呼吸困难。所以有时池水溶氧不低，而池底酸化，pH 值低后也易浮头，甚至增氧机一停还是"照浮不误"，这就是我们强调养虾先养水，养水先改底的理由。池底有机质过多，底层溶氧低时容易厌氧呼吸产生有机酸，造成池塘 pH 值降低，造成对南美白对虾的不利影响。

（3）一般表层水 pH 值大于底层。如果表层和底层 pH 值的差异大于 0.5～1，提示可能底质变坏或者水体有问题。

2. 水体 pH 值偏高的处理方案

（1）原因：滋生大量消耗水中二氧化碳的藻类，或不正当使用某些消毒剂。

（2）对策：适量排换水（如 20～30 厘米），先施用保水调水解毒类产品"绿水解毒安"，特高个例如 9.5 以上，也可同时泼洒工业柠檬酸粉 1.5 千克/亩，或适量醋酸或石膏粉等，后用生物制剂如全塘泼洒"强效 EM"或"速调 107"＋红糖按 1∶2 的比例发酵 1～2 天泼洒，水质较瘦池塘可采用酵母＋乳酸菌＋米糠＋麦麸＋红糖按一定比例发酵 2～3 天泼洒。

三、氨氮、非离子氨及亚硝酸盐管理

我国渔业水质标准规定氨氮浓度应小于 1 毫克/升，氨氮含量超过 2 毫克/升时，鱼虾就会出现氨氮中毒症状。氨氮在水体中以离子氨和非离子氨（分子氨）两种形式存在，对南美白对虾有毒性的主要为非离子氨，《渔业水质标准》规定水体非离子氨浓度不超过 0.02 毫克/升，非离子氨超标可引起虾中毒，较高时可使对虾中毒死亡。水体非离子氨由水温、pH 值和氨氮推算。氨氮的主要来源是沉入池底的饲料、鱼虾排泄物、肥料和动植物死亡的遗骸。当氨氮的积累在水中达到一定的浓度时就会使鱼虾中毒。氨氮超标通常发生在养殖的中后期，这时候由于残饵和粪便的增加，池塘底部的有害物不断沉积，造成氨氮、非离子氨、亚硝酸盐等超标。影响氨氮含量的另一个主要因素是底泥，若底泥过厚，清塘不彻底，高温季节夜晚，水温较高时，底泥当中的有毒气体就会被释放出来，在这个过程中，氧气的消耗量会加倍，于是造成池水缺氧，氨氮含量也超标，虾类大量浮头甚至泛塘。因此，养虾先养水，调节好水质是保证虾类健康成长的前提。当氨氮浓度大于 0.6 毫克/升时，可以在进水后开足增氧机充分曝气；随后用增氧净底片分解沉积在

池塘底部的有害物，进行改底和水体消毒；经过调节后的水质，需要定期使用小球藻源（如"藻种"）、枯草芽孢杆菌等培水，稳定水质；炎热天气需要经常加注新水、保持水体底层足够溶氧，同时每7～10天定期施用复合微生物制剂分解有机废物，抑制氨氮产生，降低水体中的氨氮浓度。

亚硝酸盐的含量应控制在0.2毫克/升以下，池水亚硝酸盐浓度过高，会造成虾中毒，造成虾底死。可通过以下措施防止亚硝酸盐浓度过高：①保持育苗池或养殖池塘长期不缺氧，合理使用增氧机及适量投饲；②有条件的池塘，定期换注新水。每次换水量或加注新水量约为池塘水量的20%，加注新水应水质清新，溶氧丰富，氨氮含量较低；③定期泼洒安全、高效、无毒副作用的消毒剂，二氧化氯制剂可使亚硝酸盐氧化，减低毒性；④定期泼洒微生物水质改良剂（如硝化细菌剂），分解亚硝酸盐，去除毒性，改善水中理化因子，从而减少病害的发生，提高养殖品种的成活率；⑤清毒剂与微生态制剂应错开使用。

四、其他水质因子

（1）水温：放苗要求不低于20℃，不超过33℃。水温低于20℃可搭建冬棚、铺白沙、加深水位、铺设加温管道来达到升温效果，或等气候合适再放苗；水温高于33℃可以加深水位、多开增氧机、泼洒小苏打来降水温。

（2）盐度：虾苗最适合生长的盐度在0.5‰～35‰，放苗要求池塘与苗场盐度基本一致（相差不大于0.3‰～0.5‰）。盐度偏低的用海水、地下盐水、海水晶、粗盐、卤水都可；盐度偏高的加淡水淡化。

（3）透明度：南美白对虾避光，透明度不能太大，一般控制在40厘米以内。

（4）总硬度：一代苗对硬度要求较高，最适合生长硬度在80

德国度左右，放苗要求不低于 50 德国度；二代苗杂交苗要求硬度低一些，不低于 30 德国度就可以了。硬度偏低的用熟石灰慢慢提高［每低 1 德国度要求用熟石灰 7 千克/（亩·米）］。

（5）重金属：用常见氨氮试剂检测氨氮，静置不动时若试管液面有絮状物即说明有重金属离子，絮状物越厚说明重金属离子含量越高。若重金属含量不高时可用药物络合处理；若含量较高，可用 EDTA 钠盐 4 千克/（亩·米）处理。

（6）总碱度：总碱度低于 50 毫克/升时，可用熟石灰 10～20千克/（亩·米）进行调节。

第二节　养虾池水质精细管理

池塘精细管理既根据气候条件、池塘代谢的生物学规律、养殖模式及其对池塘的水底质要求，开展精确投饵、培水、调水，最大限度地发挥养殖效益的一种新型的池塘科学管理的方法。池塘等精养水体的精细管理越来越多地在养殖生产中使用。

一、池塘精细管理的主要内容与要求

水质管理主要包括理化因子管理和生物因子管理两个方面的内容。精细管理的原则是必须确保养殖水体能量流转和物质循环渠道畅通，确保养殖投入品能发挥最大效益。养殖水体只有通过精细管理，科学构建运转高效的水生生物生态系统，才有可能形成高的养殖产出，并维持较好的池塘生态环境。本节根据养殖水化学基础提出了养殖水域的水质要求，其他有关科学构建养殖生态系统的原理、要求与方法方面的问题已在以上章节分别论述。

（一）池塘水质要求

1. 养殖水源水质

养殖水源要求无工业污染，水质应符合《渔业水质标准》和

《地表水环境质量标准》三类标准，引用地下水开展水产养殖时，水质应符合《地下水环境质量标准》。

2. 养殖水体的水底质要求

我国 2001 年从水产品质量安全的角度颁布了《无公害产品淡水养殖用水水质》，但尚未从水产养殖生产的角度制定有关水产养殖方面的水质标准。结合国内外有关研究，提出了如下养殖水体水质要求，在水产养殖实践中，可以参照此要求，进行"测水养鱼"。

（1）基本水质因子 是指养殖生产过程中应该时刻测定的水质因子，是池塘日常管理的基础，主要包括溶解氧（DO）、酸碱度（pH）、透明度、水温等 4 个最基本的理化因子，精养池塘应每天测定 2 次，溶解氧、pH 值应分表水层、底水层测定。有条件的地方还可测定水体硬度和碱度两个水质因子。

（2）营养因子 是指水体生物合成所需的营养盐类、微量元素和小分子有机物质（如维 B_{12}）等水质因子。在养殖实践中一般都比较重视氮和磷，而对微量元素重视不够，在高产池塘常形成微量元素耗尽区，应补充矿物质等微量元素，可以施用贝壳粉补充水体矿物质和微量元素。另外，维生素 B_{12} 也是浮游植物光合作用所必需的。

营养因子是池塘培水的主要内容，总体要求是池塘必须有较好的光合作用和生产氧的能力，精养高产池、养虾池除氮、磷等营养素外，还应补充矿物质和微量元素。

（3）底水层与底质 池塘底层更容易缺氧，缺氧时底层厌氧作用可产生大量的有机酸和硫化氢，而使底层水质偏酸性，因此，更应关注底层水体的溶氧和 pH，并关注淤泥颜色和厚度。

（4）有害代谢物及代谢转化机制 水体代谢所产生的有害物质众多，其中最主要的有亚硝酸盐、非离子氨和硫化氢三种，另外厌氧呼吸所产生的多种有机物质大都对水生动物有副作用，要求池塘具备代谢这些有害物质的转化机制，代谢物质的转化是一个复杂的生物学过程，应以微生物的多样性为基础，为了定量描述这种机制，可选用光合细菌（PSB）等指标进行测定，光合细菌是一种兼性厌氧的有益微生物，选用它作为代谢物转化机制的描述指标，有较好的代表性。

（5）有毒有害物质　要求池塘周边没有工业污染物、没有畜禽规模养殖场。

（6）微囊藻毒素　为池塘蓝藻过度繁殖时产生，出现"水华"的池塘，微囊藻毒素含量较高。

（二）池塘底部环境及底质要求

养殖水体底部环境常与地球化学土壤特点、养殖水体沉积物及水环境密切相关，养殖过程中众多疾病的发生往往最初都由底部环境的变化引起，可以说，底部环境是一切疾病的最初诱因。

1. 养殖水体沉积物

养殖水体沉积物主要包括养殖动物排泄物、残饵、动植物尸体、死亡的浮游生物细胞、加水和地表径流带来的物质等。沉积物中常含有大量的有机质，待分解。多年未清淤的池塘底层沉积物较多，常对养殖生产带来一定的不利影响。网箱多年不移动，底层的沉积物可达数米厚，其厌氧分解产生的大量有毒有害物质积累上升，致网箱水层本已存在的条件致病菌快速繁殖，在高密度养殖的网箱内迅速蔓延，呈现出暴发性流行。如近几年在华南一带网箱养殖斑点叉尾鮰中暴发流行的套肠病，其底部环境就是重要的诱因。

2. 底部环境与水质因子的相互关系

底部环境与众多水质因子有关，但起关键作用的水质因子是底水层的溶解氧，水体溶解氧有周日变化，呈现出垂直分布、水平分布，底层处于补偿深度以下，底层溶氧靠表面补济，且由于水体的沉积作用和水生生物的呼吸，耗氧量非常大，故养殖水体底层溶氧常较表水层低得多。底层低溶氧和高耗氧，常使底层出现氧债，氧债多出现在夏季高温的傍晚至清晨、阴雨天的傍晚至清晨，缺氧又使底质沉积厌氧分解，产生硫化氢、亚硝酸盐等有毒有害物质，并使厌氧的病原微生物滋生。因此，溶解氧是水产养殖重要的制约因子，而又应特别关注底部溶解氧的水平。任何时候以底水层溶氧不低于 2 毫克/升为好。

3. 养殖水体的底质要求

多种鱼类混养的精养鱼池底泥自上而下依次划分为有氧层（0～1.5 厘米）、相对无氧层（1.5～9 厘米）和绝对无氧层（9 厘米以下）。有氧层参与氮循环的细菌动力学作用最活跃，这一层淤泥活性最强；相对无氧层参与氮循环的细菌动力学作用部分地受到含氧量和淤泥深度的限制，这一层淤泥活性略低于上一层，但潜在的活性不可忽视；绝对无氧层通常几乎不参与氮循环作用，活性极低。因此，可将有氧层和相对无氧层合称为活性淤泥层，称绝对无氧层为非活性淤泥层。虾池底质管理是将活性淤泥层增加，通过增加底部溶氧，改善池底环境，预防疾病发生。

在池塘养殖生产过程中，为改善底质溶氧情况，常采取两种方法。第一种，在养殖结束清池后干塘晒塘 1～2 周，然后耕作翻动底泥，将有氧层、相对无氧层和绝对无氧层的底泥进行翻动调整，从而改变底泥分层；第二种，也可在养殖过程中进行拉网锻炼，利用底纲的拖动从一定程度上翻动底泥，改变底泥分层。对于南美白对虾养殖池塘，因为池塘空闲期较长，可以冬种蔬菜或作物，吸收底泥中氮、磷，并通过植物根系，改善底部溶氧条件。

（三）微生态制剂在水底质管理中的作用

高产池塘高投入，一般都有较高的有机质含量，虽然晴天补偿深度以上水层光合作用强，生产氧的能力较大，但补偿深度以下水层的耗氧作用也较大，晚上和阴雨天的耗氧作用也较大，致使底层、阴雨天水体溶氧缺乏，严重时形成氧债。底层有机物在缺氧时多嫌气或厌气分解，降解速度慢，并伴有有机酸、硫化氢等有毒有害物质产生、积累。有毒有害物质的产生、积累又为水体嗜水气单胞菌等条件性致病菌的滋生创造了条件，这也解释了为什么池塘暴发性鱼病往往都是由底层鱼类如鲫鱼等先发病。一般底质改良剂都有絮凝、快速降解底层有机物的能力，可持续增氧、降低底层有毒有害物质，起到改良底部环境的作用。因此，有机质含量较高池塘，应时刻注意底层水底质环境的改善，常用池塘底质改良剂、光合细菌等微生态制剂改良底部环境，只有这样才能使高有机质池塘规避风险，保持高产。

光合细菌在南美白对虾养殖池塘中具有较好的调水和改良底质的作用，能利用池底代谢毒物有机酸、硫化氢等作为供氢体合成菌体，化害为利，并能为滤食性的鲢、蚌等提供食物。因此，虾池常施用光合细菌，可以在池底建立一种有毒有害物质的转化机制，化害为利，取到较好的改水改底作用。光合细菌可以购买，也可养殖户自己培养，其培养基和培养方法参见附件。

（四）根据天气条件确定管理方案

池塘各项生物、物理及化学因素均与天气变化关系密切。微生物等生物的繁殖生长，水体初级生产力及产氧能力，池塘各水层及底部物质代谢的生物化学过程等无不与天气变化紧密相关，比较重要的气象因子有温度、光照、降雨及气压变化等。池塘精细管理应以天气预报，特别是3日内的天气预报为基础，科学制定和调整关于池塘培水、调水及投饵的方案。

二、看水养虾——水色及调控

（一）什么是水色

水色是指水中的物质，包括天然的金属离子、污泥、腐殖质、微生物、浮游生物、悬浮的残饵、有机质、黏土以及胶状物等，在阳光下所呈现出来的颜色。培养水色包括培养单细胞藻类和有益微生物优势种群两方面，但组成水色的物质中以浮游植物及底栖生物对水色的影响较大。

　　养鱼先养水，水产养殖所要求的优良水质的一个最基本的判断标准是"肥、活、嫩、爽"，养殖实践中常用水色及其变化加以判定。水色有"优良水色"和"危险水色"两大类。

　　(二) 优良水色的种类及在水产养殖中的重要作用

　　优良水色主要有"茶色或茶褐色水"、"黄绿色水"、"淡绿色或翠绿色水"和"浓绿色水"四种（图7-1）。优良水色的重要作用主要有以下几个方面：①池中浮游植物组成丰富，光合作用强，具有较好的溶氧生产能力，池中溶氧丰富；②浮游植物种类易于消化，可为养殖对象提供天然饵料；③可稳定水质，降低水中有毒物质的含量；④可适当降低水体透明度，抑制丝藻及底栖藻类滋生，透明度的降低适合对虾栖息，并有利于对虾防御敌害，为其提供良好的生长环境；⑤可有效抑制病原微生物的繁殖。

　　良好的水色标志着池塘藻类、菌类、浮游动物三者的动态健康平衡，是水产健康养殖的必要保证。

黄绿色水：为硅藻和绿藻共生的水色，我们常说"硅藻水不稳定，绿藻水不丰富"，而黄绿色水则兼备了硅藻水与绿藻水的优势，水色稳定，营养丰富，为难得的优质水色。可交替使用微生态制剂和生石灰等培育水色。

淡绿色或翠绿色水：该水色看上去嫩绿、清爽，透明度在30厘米左右。肥度适中，以绿藻为主。绿藻能吸收水中大量的氮肥，净化水质，是养殖各种动物较好的水色。绿藻水相对稳定，一般不会骤然变清或转变为其他水色。可交替使用微生态制剂和生石灰等培育水色。

浓绿色水：这种水色看上去很浓，透明度较低。一般是老塘较易出现这种水色。水中以绿藻类的扁藻为主，且水中浮游动物丰富。水质较肥，保持时间较长，一般不会随着天气的变化而变化。可用微生态制剂维持水色，适当增加鲢鱼种放养。

茶色或茶褐色水：该水色的水质肥、活、浓。以硅藻为主，为苗期的优质饵料。生活在这种水色中的养殖对象活力强、体色光洁、摄食消化吸收好，生长快，是养殖各种水生动物的最佳水色。但此类水色持久性差，一般10～15天就会渐渐转成黄绿色水。可使用微生态制剂、活性黑土及可溶性硅酸盐制剂调节维持水色。

图7-1 优良水色

（三）危险水色的种类及调控

养殖过程中的危险水色主要有四种：即蓝绿色或老绿色水（图7-2）、绛红色或黑褐色水（图7-3）、泥浊水和澄清水。

1. 蓝绿色或老绿色水

水中蓝绿藻或微囊藻大量繁殖，水质浓浊，透明度在10厘米左右。能清楚地看见水体中有颗粒状结团的藻类，晚上和早上沉于水底，太阳出来就上升至水体中上层。这种情况在土塘养殖过程中经常出现。养殖对象在这种水体中还可以持续生活一段时间，一旦天气骤变，水质会急剧恶化，造成蓝绿藻等大量死亡，死亡后的蓝绿藻等被分解产生有毒物质，很可能造成养殖对象大规模死亡。

建议解决方案一：经常产生蓝绿藻过度繁殖的池塘，清塘后常使用微生态水质改良剂，可抑制有害藻生长，培植优良藻群，维持池塘藻相与菌相平衡；水体、底泥氮、磷及有机质较高，可利用冬闲期种植蔬菜吸收氮磷，并通过植物根系疏松土壤，提高活性淤泥层溶氧水平。

建议解决方案二：①晚上泼洒水溶性维生素 C 250 克/亩，提高虾抗应急能力；②第二天上午太阳出来后，蓝绿藻或微囊藻已上升到水体中上层，用虫藻净或硫酸铜等集中泼洒杀灭蓝绿藻，15 时左右再杀蓝绿藻一次，并于 17 时后开增氧机；③晚上开增氧机防止消毒后造成藻类死亡引起的缺氧；④用活性黑土、活性底改等澄清水体，改善水质和底部环境；⑤加注 20% 优良水色池塘的新水，补充优良藻种；⑥用光合细菌等微生态制剂调节水质，维持藻相与菌相平衡；⑦冬闲期轮种蔬菜。

图 7-2　蓝绿色或老绿色水

2. 绛红色或黑褐色水

主要是由于养殖过程中裸甲藻、鞭毛藻、原生动物大量繁殖造成的。这种水色主要是前期水色过浓，长期投料过量或投喂劣质饲料，造成水体有机质过多，为原生动物的繁殖提供了条件。随着大量有益藻类的死亡，有害藻类成为藻相的主体，决定水色的显相。有害藻类分泌出来的毒素造成养殖对象长期慢性中毒直至死亡。这种浓、浊、死的水质，增氧机打起来水花呈黑红色，水黏滑，并有腥臭味，水面由增氧机打起来的泡沫基本不散去。

建议解决方案：①每天排去 20％以上量的池水，并加补新水，使整个水体渐恢复活性；②使用活性黑土、活性底改净化水体，改善水质和底部环境，一般使用后第二天水体的透明度会提高到 20～30 厘米；③晚上可泼洒水溶性维生素 C250 克/亩缓解养殖对象的中毒症状，提高虾抗应急能力；④连续几天换水后，可用微生态制剂调节水质，维持藻相与菌相平衡，培育良好水色。⑤冬闲期轮种蔬菜。

图 7-3　绛红色或黑褐色水

3. 泥浊水

因土池放养密度过高，中后期出现整个水体的混浊，增氧机周围出现大量泥浆。此水中一般含有丰富的藻类，主要以硅藻、绿藻为主。由于养殖对象的密度过高，水体中泥浆的沉降作用，使水体中的藻类很难大量繁殖起来而出现优良的藻相水色。在养殖中后期，亚硝酸盐普遍偏高、pH 值偏低，调水难度较大，养殖风险相当大。

建议解决方案：①控制放养密度，合理放养；②一旦出现混浊前兆，可用絮凝剂、活性底改等吸附、沉淀净化水体；③适当追施生物有机肥，并施放光合细菌调理水质，培植优良藻群，培育良好水色；④高温季节用消化宝降低水体亚硝酸盐浓度；⑤必要时可使用增氧剂预防低氧；⑥渐渐加深水位。

4. 澄清水

一般在早春气温低、光照不足的情况下出现。一旦澄清水持续 5～8 天，很可能造成底栖藻类大量繁殖吸收水体中的肥料，进一步提高了肥水的难度。另一种情况是放养时水色较好，一般是在 7～10 天后由于大量的浮游动物繁殖摄食藻类，造成整个水体清澈见底。

原因一建议解决方案：适当加深水位；用生物有机肥培肥水质，并配合使用光合细菌，提高池塘初级生产力；底栖藻类生长多时还要先用药物杀灭底栖藻类。

原因二建议解决方案：用生物有机肥培肥水质，并配合使用光合细菌等，提高池塘初级生产力。

三、测水养虾

（一）常用检测项目

检测水质项目当然越多越好，但受生产单位条件限制，只能选用一些关键、方便、快捷、经济、实用的水质因子，所测定的因子在生产管理中应具有重要的作用和地位，是南美白对虾养殖的关键控制因子，能快速判断，现测现用，作为养殖生产水质管理的重要内容，能推广发展成为对虾养殖不可缺少的重要环节，如溶解氧是池塘生物与非生物因子、有机与无机因子联系的纽带，是池塘直接或间接导致对虾死亡的重要环境因子，是池塘一切管理的基础，如果说有一个因子能把池塘中所有的因子联系起来，那么这个因子必然是"溶氧"，且可现测现用，是测水养鱼的重要内容，生产管理上常用的测水养鱼项目及检测频次如表7-1。下面重点介绍一下采水器及水温、pH、透明度、溶氧、氨氮（非离子氨）、硬度、碱度及总磷等生产管理上重要水质因子的快速检测方法，并简要点明其重要功能。

建议检测项目及检测方法详见表7-1。

（二）常用水质因子的快速测定

1. 溶解氧

水体溶解氧是水产养殖最关键的环境制约因子，并应特别关注底层溶氧与阴雨天的溶氧，过去养殖者对水体是否缺氧的判断主要凭经验，阴雨天、闷热天认为是缺氧了，该开增氧机了，没有一个科学的、可以定量的判别方法。湖南省水产科学研究所的研究工作人员建立了"溶氧（DO）参比卡法"，可现场 5 分钟内判定出水体溶氧水平，确定是否开增氧机或进行水底质改良。

测定方法如下：用采水器采集不同水层的水样，用采水器的乳胶管放入 25 毫升的比色管底部取水样，取水样时要求漫出的水量为比色管水量的 2~3 倍，取水不留空间，用注射器加 A 液 0.5 毫升、B 液 1 毫升，加 A、B 液不能滴入，注射器针头入水深度在 1~2 厘米，避免空气中的氧气进入水样中，加盖上下摇动数次，用参比卡对照，确定水样溶氧浓度。

2. pH 值

pH 值是判定水体酸碱度和计算非离子氨的基本水质因子，与水体多种生物化学因子和水中各种生物密切相关，是池塘养殖中仅次于溶氧的基本水质因子。一般用 pH 计测定较为准确。

3. 透明度

池塘透明度是反映水体光能吸收度大小、水体浮游生物和有机物多少的一个综合性物理因子，为水体中黑白不分时的水体深度，生产上可用自制黑白盘测量，池塘透明度一般用厘米表示。

4. 氨氮及非离子氨　　水体氨氮具有两重性，一方面氨氮是浮游植物光合作用氮吸收的有效形式，水体植物和浮游植物生长所需求的营养物质，另一方面，氨在水中有两种存在形式，即离子氨和非离子氨，非离子氨对水中动物有较强的毒性，或抑制鱼虾等水体动物生长，或使其中毒致死，《渔业水质标准》非离子氨限制值 0.02 毫克/升。因此，氨氮的测定和非离子氨浓度计算十分重要，是池塘管理和指导培水的重要环节。

非离子氨的简易计算方法——计算卡法。非离子氨是通过 pH、水温和氨氮浓度，用计算卡分两步求得。第一步通过水温、pH 连接线，求出非离子氨在氨氮中的百分比；第二步通过第一步求得的百分比和氨氮浓度值计算出非离子氨浓度。另外，根据池塘氨氮本底值、水体 pH、水温和不影响鱼虾生长的非离子氨值（一般为 0.02 毫克/升），通过计算卡也可以计算出池塘培水的施肥量，指导培水。

用法例 1：某水样 pH 为 7.8，水温为 28℃，氨氮为 1.3 毫克/升，按图中虚线求得非离子氨百分比，再根据氨氮浓度计算出非离子氨的浓度为 0.045 毫克/升，超出渔业水质标准值。

用法例 2：某池水体温度 28℃、pH7.8、池塘氨氮本底值 0.3 毫克/升，求出培水时生物有机肥的施用量（养分指标为氮 15%，主要为氨氮）。第一步，用温度与 pH 连线求得非离子氨百分比；第二步，从非离子氨百分比，计算出非离子氨浓度为 0.02 毫克/升时总氨氮的浓度；第三步，从总氨氮、池塘本底氨氮值求得需补施的氨氮量；第四步，根据生物有机肥的技术参数指标，计算出每次的培水施肥量。

表 7-1　南美白对虾养殖测水项目建议表

项目	功能	标准方法	快速检测法	方法比较	检测频次
溶氧	关键控制因子	碘量法	参比卡法	快捷、经济、适用	备采水器、参比卡，分表水层、底水层，常检，日测 2 次，早晚各一次
pH	基本水质因子	玻璃电极法	精密试纸	均快捷、经济、较适用	备 pH 计，分表水层、底水层，常检，日测 2 次，早晚各一次
透明度	综合反映水体生物、有机物	萨氏盘法	自制黑白盘测定	均快捷、经济、较适用	自制黑白盘，常检

续表

项目	功能	标准方法	快速检测法	方法比较	检测频次
温度	物理因子	温度计	采水器直接测定	快捷、经济、较适用	备水银温度计，常检
氨氮	营养因子	纳氏比色法	快速比色卡		每月一次，送检
非离子氨	营养因子，代谢毒物，水生动物有害	氨氮换算	快速计算卡	卡中直接读出	由氨氮、pH值、温度，通过快速计算卡计算
亚硝酸盐	营养因子，代谢毒物，水生动物有害				每月一次，送检
总磷	营养因子	钼蓝法	快速比色卡		每月一次，送检
光合细菌	有害物转化机制，能利用有机酸、硫化氢等作供氢体合成菌体，调水改底		琼脂平板法		（商购或自养，常用）

第三节　虾池养殖尾水管理

新形势下，水产养殖必须进行养殖尾水处理，达标后排放。南美白对虾养殖场排放尾水应该达到受纳水体的排放要求后方可外排。由于虾池养殖尾水中主要含有氮、磷及有机质等植物养分，这就为尾水的综合利用创造了条件。

一、养殖尾水排放标准

周边受纳水体为农业用水，其虾池养殖尾水排放应符合《SC/T9101　池塘尾水排放要求的规定》；如果受纳水体为天然水域，或附近有农村集中式饮用水源地，则虾池尾水应经处理达到地表水三类标准后方可排放。

二、尾水管理及综合利用

1. 养虾场改造或新建时应规划5％左右的水面作为水质生态净化区，种植净水植物、养殖净水性鱼类、设置过滤设施等。虾池尾水应经过水质生态净化区的生物拦截，达标后方可外排。

2. 开展生态养殖和尾水综合利用，做到尾水不外排或少外排。主要是推广虾池种养轮作，利用对虾养殖的空闲期，种植冬季作物，通过作物吸收，降低尾水、底泥中氮、磷及 COD 等含量，并收获一定的作物，起到较好的改善底质、减排、提质、增效的作用。

第四节　南美白对虾应激反应

一、南美白对虾应激的概念

"应激"是南美白对虾一种常见的生理状态，很大一部分是由于与原来环境的突变引起的本能反应。"应激"消耗了对虾大量的体能，对虾体能下降了，免疫能力就会下降，在虾的体内原本隐藏的病因也就爆发出来，引起疾病的发生，每当对虾出现问题的时候很大一部分原因是由应激引起的，所以"应激"必须引起养殖业者的高度重视。

二、引起南美白对虾应激的主要原因

应激反应的病因是非常多的，稍小的细节不注意的时候就很有可能引起应激反应。在虾类养殖过程如何避免对虾产生应激反应是提高养殖效率和生产效益十分重要的技术要求。主要有以下几种原因：

（1）物理性元素：水体的温度、天气的急剧变化等。

（2）化学性元素：水体中的 pH、氨氮、亚硝酸盐、总碱度等的较大变化都会影响对虾的应激反应。在养殖的过程中不要大量地使用化学性药品。

（3）生物性元素：养殖的密度过大、过量地使用抗生素、消毒过量等也会使对虾产生应激反应。

（4）人为因素：使用劣质的饲料，在放苗的时候没有泼洒抗应激的产品等因素也能造成应激反应。

三、应激的危害性

（1）低溶氧、低 pH 值、高水温、高密度的养殖都可以影响对

虾的生长环境，造成对虾应激反应，抑制生长，造成对虾的免疫能力低下，生长缓慢。

（2）在水体中的菌群与藻类的繁殖被打破的时候会导致水体的养殖环境被破坏，导致水生动物产生应激反应，严重时造成虾死亡，所以应激反应是水产养殖的大敌。

（3）依照应激反应的程度和持续时间不同，大致可分：慢性应激、急性应激、短期应激、长期应激；还根据具体的刺激因子划分不同的应激，如氨应激、低氧应激、密度应激（拥挤胁迫）等。不同的应激产生的生理反应不尽相同，处理的方法也不一样。

目前，很多人都想要自己的养殖产量越来越高，却忽略了最重要的事情，养殖密度过大，虾是不是有宽敞的呼吸空间；对虾密度大了，投喂的饲料也就越多，那么水底的排泄物也就越多；在水底环境污染之后，水体中的对虾也会导致缺氧、肠炎等症状的发生。很容易产生慢性的应激，往往养虾人会忽略这一点。

如今这些年出现的"偷死"就极大可能是对虾长期在低氧高氮（氨氮、亚硝酸盐）的环境里慢慢使其失去免疫力，进而诱发其他疾病（如蜕壳难、软壳症、红体病等）。南美白对虾的应激因子往往呈现加强性、累积性、长期性的特点。

四、应激的预防与管理

在养殖生产过程中引起南美白对虾的应激，归纳起来主要有三方面原因：水质管理不善、不规范用药和天气突变等。

（1）水质管理不善：高温季节是南美白对虾养殖生产十分关键的时期，这时要特别注意水质调节，减少生产应激的水质因素，为养殖对象创造一个良好的生活条件。

（2）不规范用药：在养殖过程中要坚持"以防为主、改水第一"，一旦养殖中出现病害，应该根据具体情况，科学合理地用药，关注药品的成分、含量、质量、使用剂量和方法及相关生产厂家等。一定要坚持"防重于治"的原则，否则很难达到用药的目的。

（3）天气突变：应注意及时泼洒维生素C等抗应激的药物，提高对虾的免疫能力，在突变天气的时候要泼洒微量元素和补充钙物质，来预防应激蜕壳。

五、应激反应的症状

（1）大触须，尾扇变红，胡须变红，虾体色发红，也叫应激性红体，注意区分病毒性细菌性红体、细菌性病毒性红体。简单方法是将虾捞出来放在桶里，30分钟后观察虾是否全身红体，不是全身红体是应激反应，全身红体是致病所致。

（2）吃料突然减少，或者突然停止不吃，沿着虾塘周围巡塘，会发现有些虾在浮头游动。

（3）在巡塘的时候对虾容易受到惊吓，跳出水面。

（4）有时候会出现趴边的虾，捡起来会发现有黄鳃、断须这类症状，其断口新鲜，而非黑色。断口黑色则可能是致病所致。

六、应激应对方案

根据对虾应激反应形成的主要因素，应采取不同的应对方案。

原因一：水色突变，如倒藻，水色变清，或者藻类短时间内大量繁殖，导致水色过浓。

应对方案：出现倒藻，水色变清，应该先泼洒维生素C类抗应激产品，有条件的可以少量补充新鲜水，然后用有机酸制剂解毒。在第二天施用生物有机肥等补充藻类营养，争取将水色培育回正常颜色。水色过浓引起应激处理方法基本同上，先泼洒抗应激制剂，用量需要比上面大些，过两小时，等对虾缓和一下，排除一部分池底水，再补充一些新水进去，晚上以过氧化钙粉末全池泼洒，第二天用季铵盐类改底制剂进行改底。

原因二：天气突变，如短时间内突遇强烈冷空气、台风、暴雨、连续阴雨天、冷热温差大等极端天气。

应对方案：暴雨和持续降雨会使雨水聚集在虾池表层，雨后表层水温低，底层水温高，其次 pH 值也不同，水质分层。同时因为缺乏阳光，植物的光合作用无法很好地进行，这时候容易造成一部分藻类死亡，具体表现为水色变得白浊，这种状态下，水体溶解氧容易减少，水体微生态平衡被打破，有害生物大量繁殖，容易使池塘底部的有机物在缺氧状态下分解产生有机酸、硫化氢、亚硝酸盐等，并在底部积累，进一步会导致对虾中毒死亡。这种状态下，需要做到多留意天气预报，在极端天气来临前夕，准备好抗应激类药品，在恶劣天气初见苗头时，先泼洒抗应激药品，减少喂料，或者停止喂料。假若恶劣天气将会在几天后到达，那改底一定要做好，不管什么恶劣天气，虾塘底差是最致命的，因为一到恶劣天气，对虾喜欢躲在水底，所以恶劣天气前一定先把底改好。在下雨期间，一定要开至少一台增氧机，防止水质分层。雨后注意做好解毒，留意 pH 值，控制水位，假若池水上涨，导致塘堤上长的杂草被塘水漫过，最好拔掉，因为这些陆草在塘水浸泡下，很快会死亡，然后腐烂。植物死亡腐烂会消耗溶解氧，腐烂的过程会释放有害气体，这些气体溶解在水体中，不一定能让对虾中毒，或者产生很大的反应，但容易造成对虾亚健康状态。有时候细节不注意，会导致全盘皆输，所以这个一定要注意点。

原因三：季节转换，春夏交替，秋冬交替。

换季那段时间的天气大家应该深有体会，忽冷忽热，风向不定，而且还不规律。这种情况下，容易使水体不稳定，导致倒藻、翻底，或者大面积换藻（就是水色突变，由本身一种藻死亡然后应季新藻重新繁殖），这样容易导致对虾抵抗力减弱，抵抗力一弱，就容易产生应激反应，甚至发病，后果不堪设想。

应对方案：换季应该要加强对虾的营养，具体体现在饲料中添加营养药品，泼洒营养药品，泼洒应激药品，泼洒粉末钙、珍珠蚌粉等。并且适当使用一些培育藻类的肥料，使藻类不至于一下全部死亡，让它有个过程。这对减小应激反应会起很大作用。

第五节　南美白对虾养殖中常见问题及解决办法

在养殖过程中除了要注意日常养护管理之外，一些常见的水质与病害问题不容忽视。

一、转水和倒藻

在炎热的夏天，藻类生长旺盛，水体营养物质不能够满足藻类生长繁殖所需，水质易老化，在天气变化较大时极易引起藻类大量死亡，同时，有害细菌大量滋生，原生动物大量繁殖，也会导致水体变清。危害：倒藻后水体变清。池底有害菌大量繁殖，藻类死亡会使对虾出现中毒，对虾摄食死亡藻类会引起肠道疾病。藻类死亡会使水中溶解氧下降，虾出现缺氧浮头。处理方法：①使用 EM 菌来稳定水质，控制有害藻类大量繁殖；②定期施用生物有机肥，必要时可加施珍珠蚌粉补充矿物质和微量元素，为藻类提供营养，加速光合作用，提高水体产氧能力，防止藻类老化；③对于原生动物引起的倒藻现象，可以通过停食几天，然后进行肥水培藻。

二、底热现象

在高温季节很多虾塘会出现"底热"现象，出现底热的虾塘容易出现底部缺氧，引起对虾缺氧浮头。原因：在夏天池塘上层水温度比下层水的温度高，增加了上下水混合的阻力，从而形成"温跃层"，使得上层的氧气不能传输到底部，下层的营养盐也不能补充到上层，底部厌氧菌发酵，出现底热。预防方法：①加大增氧，使用"底生氧"进行增氧改底。②使用"臭氧水安"（其主要成分是过硫酸氢钾复合盐），氧化底泥，消除底部有害菌。

三、蓝藻水华

养殖水体中微囊藻等蓝藻过量繁殖，常导致水体透明度下降，当藻类大量死亡时，会大量释放藻类毒素，且死藻经细菌分解产生大量氨氮、亚硝酸盐、硫化氢等有害物质，引起对虾中毒死亡。防治方法：①科学投喂，控制投饵量。②出现蓝藻繁殖过多时，使用"蓝藻净"杀灭水体中的蓝藻等不良藻类，其成分是有机螯合铜研制的新型水质改良剂。用量为 500～700 克/（亩·米），隔天解毒，同时使用芽孢杆菌，注意增氧，可以有效杀灭，并抑制蓝藻的大量繁殖，并且净化水质。③清淤晒池，或轮作植物，减少底质氮，磷，硬化底质，疏松底质。

四、水质与底质调控处理

1. 池塘水质，前期要养藻，中后期要养菌，达到池水藻相、菌相平衡，水质自然就好，这就需要在平时定期添加一些有益菌，如芽孢杆菌、乳酸菌、EM 菌等有益菌可以分解水中的有机质和残饵粪便，也可以拌饵内服在肠道内辅助消化吸收转化，降低粪便中有害物质含量，同时还能抑制肠道中有害菌的滋生，达到保健的目的，从源头上解决对虾排泄物对底质和水质的污染。

2. 池塘底部环境是对虾生活居住的场所，底质好坏是养殖成功与否的关键所在。尤其是高温期的残饵粪便、死亡的藻类和原生动物，都会沉降在池底，腐败发酵，造成底热，底泥发黑发臭，所以在处理底质改良方法上要围绕"养底"这一核心思想进行，建议不要一直使用氧化型改底，长时间使用会造成底质板结老化，可采用以芽孢杆菌为主的生物型改底方法，能有效地达到以菌抑菌，以菌改底的目的，可间隔使用氧化型或增氧型活性钙改底，达到清爽池底，改善池底溶氧状况。

第八章　南美白对虾主要病害及防治

第一节　如何提高南美白对虾的抗病力

养殖南美白对虾应该首先立足于强化营养，增强体质，提高虾体的免疫力和抗逆性能，缩短养殖周期的健康养殖方法。在整个养殖过程中，营养全面的优质配合饲料是对虾高产稳产的关键因素之一。南美白对虾以生长快速受到养殖户的欢迎，显然生长快就必须有足够的营养提供其吸收长大，低劣的饲料，虾不喜欢吃，而且污染水体，虾易生病而死亡。所以养殖期间选择优质营养全面的饲料是头等重要的。营养全面的饲料可增强对虾免疫力，提高抗病力，使对虾迅速健康生长。那么如何喂养呢？具体养殖原则是前期壮苗、中期防病、后期营养强化，全程病害防治。

1. 前期健苗

南美白对虾食性杂而且食量大，虾苗刚从虾场放入虾池养殖，如果营养不能充分保证就会给整个养殖过程带来病害的威胁，难以确保养殖成功，所以在早期营养保健很重要，为增强南美白对虾抗病能力应定期投喂高效、无残留的药物，如活性植物多糖、大蒜素、免疫多糖等，对提高虾苗成活率和生长速度效果显著。

2. 中期防病

南美白对虾食量大。投饵量可按其生活习性进行调整，每天可投喂 5～6 次，白天投喂量占日投喂量的 35％，晚间投 65％，饲料中建议添加营养性免疫饲料药物。

3. 后期催肥

在养殖后期，由于对虾生长速度快，采食旺盛，投饵量对保证对虾生长性能发挥尤为重要，特别是在对虾摄食旺盛的傍晚和深夜，加强高效优质配合饲料的投喂，并增加投喂次数，适当补充矿物质，促进对虾蜕壳和硬壳，这样可以提高商品虾的质量，但此期间由于生长速度快，容易出现营养性疾病，抗病保健不能忽视，建议选用一些低残留的抗病药物，降低养虾风险，增加养虾的经济效益。

4. 病害防治

引发虾病的原因多种多样，一旦暴发，常引起大面积死亡，是长期困扰养虾业发展的主要问题。在发病期间一般都很难找到立竿见影的办法，以预防为主便被视为最根本的途径，养殖过程中需对水体定期消毒，增强防范意识，发现异常，及时找相关专业技术人员进行分析处理，提前消毒预防，有备无患。

第二节　南美白对虾养殖常用药物的使用浓度

在养殖期间，可适当使用二氧化氯、聚维酮碘等水体消毒剂对水体进行消毒；气候恶劣、水质恶化易染病的时候，使用营养免疫调控剂提高对虾抗病力和抗应激力，必须遵照《无公害食品　渔用药物使用准则》的要求，残留小、用量小，具有三证兽药生产许可证、批准文号的高效渔药，并严格遵守渔药说明书的用法用量。药物使用应有休药期、轮换制，在施用渔药时建立处方制。严格禁止使用高毒、高残留、致癌、致畸、致突变药物。南美白对虾养殖生态池塘可定期交替使用生石灰、微生态制剂及理化类水质改良剂调节水质，为对虾养殖创造良好的水质条件。

一、微生态制剂

微生态制剂是从自然界中筛选、分离纯化、诱导、强化培养得到的活性有益微生物种群，以芽孢杆菌类为主导菌，含有多个共生菌群。成品细胞处于休眠状态，一进入养殖水体即萌发复活，并以倍数迅速繁殖。目前在水产养殖池塘中应用的有益微生物种类主要有以芽孢杆菌为主的化能异养菌、光合细菌、硝化细菌、噬菌蛭弧菌和放线菌等类型，其性质和主要作用特点如下。

1. 化能异氧细菌（以芽孢杆菌属菌株为代表性菌株）

化能异氧菌包括有芽孢杆菌类、乳酸杆菌类、乳链球菌和假单胞菌属的一些菌株，这些细菌有好氧的、厌氧的、兼性厌氧的，对养殖动物和人类无病原性。它们能迅速分泌多种胞外酶，把生物大分子有机物如淀粉、脂肪、蛋白质、核酸、磷脂等小分子有机物，再进一步矿化生成无机盐类。这类细菌施放于池塘中，能够迅速降解进入池塘中的有机物质，如养殖动物的排泄物、残存饵料、浮游生物的尸体等，一方面自身迅速繁殖而成为优势种群，抑制病原微生物的滋长；另一方面提供营养促进单细胞藻类繁殖生长，调控水质因子。其中以芽孢杆菌属菌株具有性状稳定、不易变异、胞外酶系多、降解有机物速度快、对环境适应能力强、产物无毒、便于生产、加工与保存等特点已成为池塘水质改良剂及生物有机肥生产的代表性菌株。

（1）迅速降解池塘有机物，改善底质条件。芽孢杆菌制剂进入养殖水体后，能够分泌丰富的胞外酶系，及时降解进入水体的有机物，包括养殖动物的排泄物、残存饲料、浮游生物尸体、有机碎屑，使之矿化成为单细胞藻类生长所需的营养盐类，避免了有机物在池塘中沉积。

（2）改善水质条件。微生态制剂菌群自身耗氧量少，降解有机物能力强，能够减少池塘有机耗氧，间接增加池中溶解氧的含量，保证了有机物氧化、氨化、硝化、反硝化的正常循环，中间代谢的有毒有害物质减少，从而提高了水环境质量。

（3）抑制有害微生物繁殖。枯草芽孢杆菌制剂进入池塘后能迅速繁殖形成优势种群，通过食物、场所的竞争以及分泌类似抗生素的物质，直接或间接地抑制有害病菌的生长繁殖。枯草芽孢杆菌菌株还可以产生表面活性物质，刺激养殖动物提高免疫功能，增加抵抗力，降低发病率。在水泥池中按1.5毫克/升施用益生素后，第2天芽孢杆菌可达3×10^6/毫升，第7天后达1.2×10^7/毫升，到第12天下降到8×10^6/毫升，至第15天仅4×10^6/毫升，第15天补施0.75毫克/升，至第18天芽孢杆菌数量又达到高峰1.2×10^7/毫升。因此，益生素首次施用后，每半个月应按半量进行补施，以保证使用效果。

（4）促进单细胞藻类生长，营造良好水色。枯草芽孢杆菌制剂投放池塘3～4天后，即可观察到池水出现清新亮丽的黄绿色或茶褐色的水色，并一直维持稳定。这是由于有益微生物菌群及时降解进入池塘的有机物，均衡持续地提供营养给单细胞藻类进行光合作用，使藻相和菌相维持平衡。

（5）对养殖动物的促生长作用。枯草芽孢杆菌可及时地降解进入养殖池塘的各种有机物，促进单细胞藻类的繁殖生长，有效地增加溶氧，消除有毒因子，营造了良好的生态环境。养殖动物在宽松的环境中，必然摄食活跃，生长速度快。有益微生物菌群进入养殖动物消化道后，能够分泌很强的多种胞外酶系，有帮助消化、促进吸收的作用，既提高了饲料利用率，又促进了养殖动物的生长。

（6）芽孢杆菌制剂的使用及注意事项。芽孢杆菌制剂能及时降解池中各种有机物废物，抑制病菌，消除有毒因子，稳定酸碱度，平衡菌相和藻相，营造良好水色，可以预防疾病，增大可控水体养殖容量，实行高密度养殖，达到高产稳产，安全高效的养殖目的，同时又可减少换水量，提高水利用率，首次用量为1.0～1.5毫克/升，可每10～15天使用一次，用量为0.5～0.8毫克/升。鱼苗孵化水体：用量为1.0～1.5毫克/升。

芽孢杆菌使用注意事项：①芽孢杆菌制剂不能与消毒剂同时使

用；②使用前须开增氧机，增加水中溶解氧，充分激活水源，有利于活菌迅速生长；③在晴天上午使用。

2. 光合细菌

光合细菌是一类能进行光合作用的原核生物的总称，其共同特点是体内具有光合色素，在厌氧、光照条件下进行光合作用，利用太阳光获得能量，但不产生氧气。目前在养殖生产上应用的是红螺菌目红螺菌科的菌种，在硫化氢很低时，能利用硫化氢作为供氢体，但主要是利用小分子有机物作为供氢体，同时又以这些小分子有机物作为碳源，利用铵盐、氨基酸或氮气作为氮源。

（1）光合细菌是水域重要的初级生产者。光合细菌含有叶绿素和类胡萝卜素，能进行光合作用，和藻类一样是水域重要的初级生产者。藻类是水体透光层的初级生产者，而光合细菌则是水体厌氧层和兼性厌氧层初级生者。Green 湖（1969）和 Medicine 湖（1972）的调查，湖泊光合细菌层中被同化的碳素量分别占湖泊初级生产总量的 85％和 55％，足见其在水域初级生产中的重要地位。因此，光合细菌在鱼苗鱼种培育、滤食性品种（含珍珠养殖）养殖和湖泊、水库增养殖中占有十分重要的地位和作用。

（2）光合细菌能净化池塘水质，改善养殖水环境条件。光合细菌在厌氧条件下能以 CO_2、有机物为碳源，H_2S 和有机物为供氢体，并以铵盐、氨基酸为氮源合成有机物。因此，光合细菌在池塘水质净化中占有十分重要的地位，具有很高的净化高浓度有机污染物和硫化氢的能力。

（3）光合细菌营养丰富，能加速动物生长，提高抗病性能。光合细菌菌体内含有丰富的氨基酸、蛋白质含量高达 64％以上，叶酸、B 族维生素含量较多。从氨基酸成分看，接近含蛋氨酸多的动物蛋白，尤其是维生素 B_{12} 和生物素含量高，使之具有很高的饵料价值，并已研究证明其对动物没有毒性。此外，菌体脂质成分除菌绿素、类胡萝卜素外，每 1 克纯干菌中含 10 毫克生理活性物质辅酶 Q。由于光合细菌营养丰富，含有多种生物活性物质，已在饵料、饲料、食品、水产养殖和畜禽饲养等多方面得到了成功的应用。

（4）光合细菌在水产增养殖中的应用：①性状与气味。光合细菌制品为红色或紫红色的液体，略带培养基的味道。②用法与用量。原理：光合细菌能将水体有机物、有毒有害物质转化合成为高蛋白和富含多种维生素、生物活性物质的菌体；光合细菌是水域厌氧层和兼性厌氧层的初级生产者。虾池水质净化：水温 20℃以上期间，首次以 5～10 毫克/升的用量直接泼洒于养殖水体，以后每隔 10～15 天加施 2 毫克/升。③注意事项：a. 必须确保光合细菌制剂的质量：目前光合细菌的制剂有液体菌剂、浓缩液、固体菌剂和冻干粉等。比较而言，液体菌剂较易批量生产，且培养物活性较强，代谢产物丰富，应用效果较好。液体菌剂必须有足够多的有效活菌，每毫升有效活菌要达 5.0×10^8 以上，并尽可能含杂菌少。

b. 用量应适当：光合细菌若是纯培养或接近纯培养，用量稍大些较果更好，但目前光合细菌大多为开放或半开放式培养，必然会有少量杂菌进入培养物中，如杂菌中的硫酸还原菌会把培养基中的硫酸盐还原产生硫化氢（H_2S），用量得当菌液中少量的硫化氢会被大量的池水稀释到本底值以下，池中少量的硫化氢可作为光合细菌生长合成的供氢体被转化。因此，光合细菌的使用要用量得当，全池泼洒浓度在 5mg/L 左右，以后并多次追加；一些集约化养殖池要求较高浓度使用时，应尽量选用接近纯培养的光合细菌；拌饵时光合细菌按 3%～5% 的量拌入饵料后投喂。切莫因效果好，又无毒无害，而过量使用。c. 光合细菌勿与抗生素或消毒剂同时使用。d. 培育苗种时，应在苗种投入前 8 小时施用光合细菌。e. 应在晴天使用。f. 光合细菌的保存期一般为 6 个月，加了保存剂时也不超过 12 个月，因此要注意生产日期，不使用超过有效期的产品。g. 用户用光合细菌培养基自行培养时，最好现养现用，不要存贮太久。

3. 自养性微生物——硝化细菌

自养性细菌分亚硝化菌属和硝化杆菌属，是一类好气、不需要有机物就能生存及繁衍的自养性细菌。

$$2NH_3 + 3O_2 \xrightarrow{\text{亚硝化菌属}} 2NO_2^- + 2H_2O + 2H^+ + \text{能量}$$

$$2NO_2^- + O_2 \xrightarrow{\text{亚硝化菌属}} 2NO_3^- + \text{能量}$$

硝化细菌是自养性微生物，需要在体内制造有机物供其生长，这决定了硝化细菌的繁殖速度要比异养生物慢得多，一般异养性微生物可几十分钟内增殖一倍数量，而硝化细菌则要在 1～2 天才能增殖一倍的数量。另外，硝化细菌不喜欢有机物，水体中过多的有机物反而会抑制硝化细菌的生长繁殖。一般用量，一次性泼洒硝化宝 1 毫克/升。

硝化细菌参加的硝化作用是池塘氮循环的重要环节。以下几种情形下，氮代谢往往受滞，使用硝化宝能取得明显的效果：

（1）名特优水产品养殖中常投喂高蛋白含量的饵料，代谢物中氮含量高，因此，越是名特优水产品养殖，越需要补充硝化细菌，加速氮循环，净化水质。

（2）高产池塘，投饵量多，代谢产物多，氮循环往往受阻，需要补充硝化细菌，加速氮循环，净化水质。

（3）高温季节池塘投饵增多，水生生物代谢旺盛，水体亚硝酸氮含量上升，需要补充硝化细菌，加速氮循环，净化水质。

（4）超富营养化池塘，三氮含量高，氮代谢负荷大，需要补充硝化细菌，加速氮循环，净化水质。

4. 有益微生物菌群——EM 技术

EM 是日本琉球大学著名微生物学家比嘉照夫 1992 年在联合国环境大会上提出来的新型复合微生物菌剂，EM 是英文 Effective Microorganisms 的缩写，意为"有效微生物菌群"。EM 技术就是这种复合微生物菌剂的研究应用技术。

EM 这种活菌剂是由光合细菌、放线菌、酵母菌等 5 科 10 属 80 多种微生物复合培养而成。各种微生物共生共荣，相互作用，共同发展，发挥出多种功能，促进动植物生长，抑制病害发生。EM 在水产养殖上的主要作用是提高养殖动物对养分的吸收与转化，促进动物残留物等有机物质的分解，抑制腐败类微生物和某些病原微生物的生长，同时产生氨基酸、核酸等生物活性物质，改善水生态环境，提高抗性、提高品质，增加产量。

二、理化类水底质改良剂

1. 腐植酸钠

腐植酸是自然界中广泛存在的大分子有机物质，广泛应用于农林牧、石油、化工、建材、医药卫生、环保等各个领域，横跨几十个行业。特别是眼下提倡生态农业建设、无公害农业生产、绿色食品、无污染环保产品等，更使腐植酸备受推崇，事实证明，人类的生活和生存离不开腐植酸，它的确是一个发展中的有希望的朝阳产业，属于一个新型的特殊行业。

腐植酸含有复杂的高分子芳香族弱酸，具有亲水的可逆胶体性质，既可凝聚又可胶溶，内表面积大，吸附力强，结构中存在羧基酸、羟基的含氧化活性基团和杂氮环，具有较强的离子交换性能和阳离子螯合能力；结构中存在有酰基和半酰基，具有一定的还原能力。所以，这些结构使得腐植酸发挥离子交换、螯合、吸附、胶溶等功能。

近年来，随着养殖业的快速发展，规模化、集约化的养殖场和养殖区不断增加，相伴产生的水产养殖环境污染问题也越来越突出。高密度养殖使得向水体投放饲料过量，鱼群的排泄物含量过高，造成水体的 BOD、COD 严重超标，错误肥塘造成水体富营养化。乱用滥用化学药剂造成水体生态平衡被破坏；水体间的交叉感染导致养殖生物病害频发，更加剧滥用乱用药物。对于这些广泛存在的多种污染问题，针对各种污染因素，应用腐植酸修复污染环境的空间非常广泛。

（1）改良水质、活水、净水。水体杀虫剂的施用使水中富集了各种重金属离子，风化煤中提取的腐植酸类物质对废水中的有害重金属离子具有一定的络合作用，将腐植酸钠与纤维素反应后产生的复合物络合效果更好，可望发展为廉价的重金属污水处理剂。李克斌等通过吸附动力学、吸附等温线和 IR、ESR 技术，研究了腐植酸对灭草松的吸附及解吸机理，灭草松在腐植酸上的吸附过程中存在氢键、电荷转移作用，疏水分配也是可能存在的机理。受污染的水体中含有大量有机污染物的影响，水体富营养化严重，各种生化指标超标，腐植酸的主要作用是吸附络合降低有机物浓度，若其中含有微生物，则腐植酸会协助微生物。KIM 等研究了腐植酸在水中形成的胶粒对自然有机化合物吸附及矿化的影响。D. J. Vacca 等第一次发表了腐植酸对降解菌的促进作用，它的功能一方面吸附络合菲等，提高不易溶于水的有机物的溶解度，将其浓缩到降解功能微生物的有效作用范围内；另一方面以某种机制促进微生物菌体对这些化合物的细胞转运，促进细胞膜上电子传递体的作用，虽然这种机理目前还是未知的，但可以知道腐植酸对微生物的存在和功能具有一定的影响。

在暴雨期间，围塘水体的溶解氧因为池水上下层对流，阳光少，光合作用差，极易导致池底溶解氧不足，同时，水温、pH 值、盐度也会降低。而养殖水体中的溶解氧偏低的话，池底的有机质无法正常进行氧化分解，会产生更多的氨态氮与亚硝酸盐等有毒物质，对养殖品种产生伤害，极易导致病害的发生。经验证实在鱼池中加入 HA 有利于调整 H^+ 离子浓度，可缓冲水的酸碱度（淡水养殖池的 pH 值一般控制在 $6.5 \sim 7.5$，海水养殖池的 pH 值维持在 $7.8 \sim 8.6$）。其次，HA 能吸附水中 NH_3 和 H_2S，起到净化水池的作用。再者，HA 与多种重金属离子作用形成不溶性螯合物，减少过量水溶有害金属对鱼虾的毒害，确保藻相和菌相的相对平衡。

（2）杀菌消毒作用。高活性腐植酸钠经过物理、化学、生物发酵精炼而成，与常规风化煤碱提取 HA 有本质区别。经农业、医学、畜牧等多年多点验证该产品对真菌、细菌有明显触杀功效。目前，已广泛用于植物杀菌、动物消毒抗炎等方面。

在生物发酵腐植酸中除了 FA 外，还含有一定数量的氨基酸、核酸、维生素、肌醇、多糖、活性菌株和酶类等，直接参与新陈代谢，修复生物膜，提高细胞活力以及抑制交感神经兴奋，增强消化系统及各器官功能，降低体温，延长睡眠时间，减少消耗，抗基因突变等功能。含 BFA 的生物复合制剂对于缓解华南地区虾蟹网箱养殖常见的应激反应、水肿病、弧菌病、细菌性溃疡病等病害会有明显改善作用。

2. 螺蚌壳的循环利用

精养高产池塘，特别是多年珍珠养殖池塘，常出现矿物质负债，虾蟹养殖池需补充矿物质，才能发挥出好的养殖效果。可以用补施矿物肥的方法补充池塘矿物质，最好的办法是珍珠副产品、螺蚌壳的资源化利用。湖南洞庭湖地区每年螺蚌壳资源在 3 万吨以上，是一种很好的生物资源。经研究，在精养高产池塘循环利用，效果明显，可明显提高池塘初级生产力和溶氧生产能力，起到调水、增效、提质的作用。一般用量为每亩用本品 1～2 千克全池泼洒，每 7～10 天 1 次。如水色过浓，底质恶化，使用间隔时间缩短并酌情增加用量。

第三节　南美白对虾常见养殖病害及防治方法

当前南美白对虾养殖过程中的主要病害主要由养殖环境、虾体质及病原体等因素相互作用所致。其中危害较大的病害如下：

一、病毒性疾病

1. 南美白对虾白斑病

(1) 病原：由白斑综合征病毒（WSSV）引起的，属暴发性疾病，其主要危害 8 厘米以下未成熟的对虾，发病 3～5 天内有少量死亡，7～10 天大量死亡，控制差的 1～2 个月内还会不断出现死亡。

(2) 症状：发病的对虾停止吃食，胃不饱满食管断线，漫游于水面或伏于池边水底；反应迟钝，壳软、离群，游泳无力，虾体颜色变白，附着物增多，甲壳内侧有圆点白斑（有些白斑不规则），头胸处更为显著（但也有的病虾白斑不明显），对外界刺激反应极为迟钝，鳃水肿发黄，肝胰腺肿大，颜色变淡，糜烂。甲壳与肌肉容易剥离，血淋巴不凝固，混浊。

(3) 产生原因：自身因素，对虾体质差；外界因素，环境变化，造成中毒（菌毒、料毒、藻毒、药残毒等）。应选择良种亲虾繁殖的子代虾养殖，投喂适口全价配合饲料，营造良好的养殖环境。

(4) 防治方法：对虾白斑综合征目前没有什么特效的治疗药物，应当坚持"以防为主、科学饲养"的原则，从改善养殖环境、增强虾体抗病能力着手，提倡健康养殖。①放苗之前应彻底清淤整池、暴晒，同时使用大量消毒剂，切断病毒的传播；②要投放健康、无病的虾苗，切断病毒的交叉感染；③不投喂杂鱼杂虾和霉变饵料，防止摄食感染；④要定期使用"EM原露"或"光合细菌"

净化水质，使池塘形成有益菌群；经常使用"底珍"、"增氧防病"、"底净宝"加强底质改良，不断改善养殖环境；⑤放养前期注重在饲料中添加"生态素"，定期使用"保虾安"等中药抗病毒制剂，促进对虾生长和强化免疫系统；⑥发病可连续泼洒"蛋氨酸碘"和"强克101纳米碘"，少泼洒刺激性大的消毒剂。

2. 桃拉病毒综合征

又称红体病，由桃拉病毒引起。这种病的暴发主要是因气温陡变和水质变化引发的；交叉感染快，死亡率高，通常有以下几点：①虾苗进棚发病时间在 10～13 天；②放入池塘养殖的对虾发病时间在 30～60 天，体长 4～7 厘米；③pH 值长期高于 9.2 以上；④亚硝酸盐超过 0.3 和氨氮超过 0.4 以上；⑤水质过浓，蓝藻、甲藻繁殖旺盛，死亡后引发中毒产生病变。

（1）症状：早期症状表现为对虾起群惊跳和出现环游现象，大触须变红，肌肉变浑浊，能看出肝胰脏模糊不清和肝脏肿大发红；发病前的对虾食量猛增，后期体色变成茶红色，病虾不吃食，在水面缓慢游动，捞离水后瞬间死亡。

（2）防治措施：引发桃拉病毒主要是应激反应和藻类毒素造成的，对出现病害的池塘，采用综合防治方法，标本兼治，因此，在防治上应做到以下几点：①减少应激反应，雨前使用"水维生"雨后泼洒"康泰"，提高虾体的免疫力和抗病能力；②虾苗进棚 5～6 天每立方米水体使用"卫克"2～3 克，连用两次。池塘养殖每立方米水体使用"纳米碘"0.3 克，每 15 天使用一次；③定期泼洒中药"五黄精华素"并在饲料中添加"保虾安"＋"瑞普宁"每天傍晚投喂一次，连喂 4 天；④加强水质、底质的改良，水质出现强碱及时使用三嗪类药物调整，定期使用"底珍"和"光合细菌"降低亚硝酸盐和氨氮，使对虾有一个舒适环境，减少病害的发生。

3. 对虾黄头病

（1）症状：对虾食欲减退，活动力低下，体色变淡，游动无规则常出于水面，头胸甲呈黄色或发白肿大；肝胰腺变为淡黄色、红色，对虾黄头病发病于刚放苗 3～5 天和 50～70 天，死亡率高。

（2）防治措施：①彻底清塘，排淤修池、暴晒池底，彻底消灭病原体，杜绝传染源，采用"漂白粉"＋"二氧化氯颗粒"消毒不留死角，包括进水渠；②投入苗种前必须及时使用"渔润康"培肥水质，定向培育浮游生物，使虾苗下池后有充足的天然饵料，快速生长，体质健壮，抗病力强；③选择优质健康的虾苗，消毒下池，合理密养；④选择优质全价饲料，严格控制投饲量，采取少吃多点投饲方法，减少残饵污染；⑤使用"三联噬菌王"以防虾苗进入池塘后细菌感染引发黄头病或用"底立康"改底控制水质，保护好水环境；⑥定期服用"保虾安"中草药制剂连服 4 天，提高虾的抗病能力。同时添加"维生素 C 应激灵"。

4. 传染性皮下和造血组织坏死病

（1）症状：南美白对虾传染性皮下和造血组织坏死病是典型的慢性病，病虾长期不能很好地摄食，生长缓慢，甲壳柔软，虾体有烧斑、黑点，大小不整齐。

（2）防治措施：①选用无病害虾苗，切断病原传播途径；②投苗前肥水，保持高溶氧，改善生态环境；③在饲料中添加"保虾安"、"安壮素"和"肝胃宁"等营养物质及抗病毒中药；④可参考白斑病和桃拉病的防治方法。

二、细菌性疾病

1. 弧菌病：副溶血弧菌、溶藻弧菌等感染引起。

（1）症状：发病虾活动力差、摄食量下降，身体弯曲、浑浊，体表和附肢刚毛上常有大量污物附着，手感有倒刺状，有时引起眼球溃烂及脱落，肌肉浑浊、鳃部呈黄色或黑色、体色发黄或发黑。

（2）防治措施：①彻底消毒池塘，10～15 天使用一次"二氧化氯"100～150 克/亩（水深 1 米）。定期再泼洒大蒜素；②外用全池泼洒"卫克"或"蛋氨酸碘"新型无刺激消毒剂，连用 2 天；内服拌饵"中鱼 1 号" ＋ "肝胃宁"连服 5～7 天。

2. 红腿病：由副溶血弧菌、鳗弧菌、溶藻弧菌等感染引起。

（1）症状：病虾附肢变为红色，特别是游泳足及尾肢最明显，有的头胸甲及鳃区呈黄色，病虾一般在池边缓慢游动，严重时腹部肌肉混浊不透明。可在短期内出现大批死虾。

（2）防治措施：①放养前虾池必须彻底清淤，杀灭塘中的一切致病菌；②严格控制水环境，从虾体 3～4 厘米以后逐渐提高透明度，促进对虾健康生长；③选择优质饲料，采取少吃多餐，严格控制投饵量；④高温、低温季节应提高水位，适当加大换水量，并定期使用"EM 原露"或"光合细菌"。保持良好的水质和适宜透明度；⑤发病时，全池泼洒消毒剂"卫克"或"二氧化氯"，严重时连用两天。

3. 肠炎病：主要是由嗜水气单胞菌感染导致。

症状：其症状是消化道呈红色，有的虾胃也呈红色，中肠变红并肿胀，直肠部分外观混浊，界限不清。病虾活力减弱，厌食，生长慢，但未发现死虾。

防治措施：①全池泼洒"五病灵"，3 天后全池泼洒"三联噬菌王"；②内服药饵，在饲料内添加"整肠生" ＋ "肝胃宁"，内服 3～5 天外用一次即可。

4. 烂鳃病：由弧菌或其他细菌感染引起。

（1）症状：鳃丝呈灰色，肿胀变脆，然后从尖端基部溃烂，坏死的部分发生皱缩或脱落，病虾呼吸困难，浮于水面，游动缓慢，反应迟钝，最后死亡。

（2）防治措施：①放养前虾池彻底清淤，用"强氯精"，可有效地杀灭塘中的一切致病菌；②高温、低温季节应提高水位，并定期使用"EM 原露"等生物制剂，保持良好的水质和适宜透明度；③发病时，全池泼洒"三联噬菌王"生物消毒剂，严重时加大剂量连用两天，同时可内服"中鱼1号"。

5. 细菌性红体病：副溶血性弧菌、鳗弧菌等弧菌感染引起。

（1）症状：水中有机质超标，连续阴雨或严重缺氧，环境急剧变化，虾体产生应激反应，体质下降，容易感染此病。病虾全身发红，特别是尾扇、附肢、第二触须变为赤红。肝胰脏肿大、充血，有时胃肠也发炎变红而无食物，腹部肌肉不透明，头胸甲和腹甲变硬，容易剥离。鳃区发黄或微红色，严重的在水面上缓缓游动，随着病情的加深，靠近池边静伏而死亡。

（2）防治措施：①控制投喂量，以少吃多餐为原则，提高饲料利用率，减少残饵污染水质和底质；②适时注入新水，随着虾体的生长，提高相应的水位；③定期使用活菌"EM原露"，每隔10～15天一次，水质较肥可以先用一次"底珍"后再用"中鱼超级芽孢杆菌"，净化环境，促进对虾健康生长；④内服"中鱼1号"＋"瑞普宁"，外用"蛋氨酸碘"或"强克101纳米碘"，内服4天，外用2次。

三、寄生虫病

固着类纤毛虫病：纤毛虫种类繁多，如钟形虫、聚缩虫、单缩虫、累枝虫等。症状：此病在有机质多的水中极易发生，当纤毛虫少量附生于虾体时，症状并不明显，对虾也无病变，但当虫体大量附生时，对虾的鳃、体表、附肢等外观呈黑色，体表呈灰黑色如绒毛状，病虾在早晨浮于水面，反应迟钝，不摄食，不蜕壳，生长受阻。纤毛虫病的主要危害是影响对虾的呼吸，在低溶氧的情况下更易大批死亡。

防治措施：①定期使用"中鱼利生素"调节水质，同时加强底质改良；②全池泼洒"速效纤虫净"，严重时隔两天再用一次。

四、对虾拉白便

1. 对虾拉白便原因

对虾拉白便就是从对虾肛门排出的白色物质，可浮在水面上，大家称之为白便。正常对虾粪便与饲料或藻类颜色接近，沉于水底。镜检中的白便主要由脂肪粒、食物消化产物、活菌组成。拉白便的对虾肝胰脏都出现萎缩现象（肝炎），实践总结与对虾体质差及料毒有关。分析理由：

（1）对虾体质差：2012 年前白便少，因为当时亲虾质量好，生产出的虾苗抗病力强，常见轻微的饲料毒素（霉菌毒素）对虾体影响不大；而 2012 年起，进口亲虾质量下降，苗种退化，抗病力差，尽管虾农养殖条件与方法与以往接近或更先进，但对虾不但对轻微饲料毒素顶不住，就连常见的许多病原体（弧菌、单孢菌等）也顶不住了。为此，我们逐渐发现新的病症：对虾拉白便、肝炎、偷死等。如果苗种质量得不到根本改变，我们将会发现越来越多的病症，虾难养会是今后挂在嘴边的话题！

（2）料毒：①对虾拉白便仅发生在对虾正常上料阶段，即 20日龄以上。20 日龄内，在对虾还未正式上料时，我们从未见过由弧菌严重超标、微囊藻（蓝藻）大量滋生、氯残留等因素引起的对虾拉白便现象。因此，我们可以完全排除病菌、毒藻、药残是引起对虾拉白便的主因。②发现对虾拉白便，只要停料，或换喂新鲜麦麸，白便就减少甚至不见，重喂原来的料又出现，说明白便与饲料密切相关。③只要饲喂明显出现结块或霉变的饲料，对虾第 2 天就出现拉白便现象。说明白便与饲料中的霉菌毒素有关。霉菌毒素与对虾白便的关系：霉菌毒素主要来源于饲料中的花生麸、豆粕、玉米蛋白粉等原料霉变产生的毒素，其中黄曲霉毒素最常见，味苦，为剧毒物质，霉菌毒素主要损害动物和人类的肝脏，量少时会引起生长缓慢，身瘦体轻，量大时会肝病变或肝癌，并产生免疫抑制。

饲料霉变，在动物常规饲料中几乎无法避免，只是量多量少的问题。霉变程度受每批料的饲料配方、原料质量、加工工艺、保管条件（厂方和养殖户的保管）及用法用量等因素影响，任何一个环节疏忽都有可能致饲料产生霉菌毒素。

霉菌毒素对虾的危害：在对虾养殖中，霉菌毒素进入消化道后刺激肝胰脏及肠道受产生炎症，从而引起肝胰脏脂肪粒（浮水主因）萎缩脱落，肠黏膜（白色）剥离，与消化物及肠道菌群一起排出后形成白便。一般饲料霉菌毒素中毒为慢性中毒，前期，对虾上料减缓，肠道变细（前细后粗），镜检肝脏脂肪粒稀疏；中期（减料 3 天后），白便零星出现，肠道变细增多，厌料加不起料，镜检肝脏脂肪粒少或无；后期（发现白便后 5～7 天），白便大量出现，肠胃空肿，肝胰脏萎缩水肿，镜检肝脏已无脂肪粒，肝小管畸形萎缩，病虾身瘦壳软额剑硬，鳃烂体脏易缺氧，窜边暗游，跳塘偷死，产量及质量下降。但如果饲料质量霉变严重，也会产生急性中毒，最快饲喂第 2 天即发现大量白便。

白便是对虾霉菌毒素中毒中、后期消化道产生严重炎症后表现出的明显症状，当我们发现零星白便时，不是庆幸发现得及时，而是发现迟了点。因此，要想对虾没白便，我们要重视如何预防！

2. 正确防治对虾拉白便

（1）预防：①饲料选购：厂家要规范、口碑好；有条件参观料厂的原料、成品仓库，要通风防潮防鼠，了解问题原料及饲料的处理方案；选购的饲料生产日期尽量在 15 天之内，饲料无破漏。②饲料保管：通风防潮防鼠，拆封的饲料用剩要马上封口。③饲料使用：饲料饲喂时间尽量控制在 1～2 小时，时间过长在水中残料会发馊霉变。④药物预防：饲料中添加国内领先国家专利的霉菌毒素降解剂——解毒清，减轻或消除霉菌毒素的危害，增强食品安全。

（2）治疗：①饲料改善：检查当前饲料质量及生产日期，饲料若有问题应及时停用更换或减少饲喂量；高温（25℃以上）季节尽量控制喂料时间 1～2 小时吃完，避免对虾吃到过多发馊霉变的残料。②药物治疗：内服或外用解毒清。根据病情轻重，是否并发病症，灵活使用。

五、其他病害

1. 水生昆虫及敌害

（1）原因：水蚤（蜻蜓幼体）、水蜈蚣（龙虱幼体）、蝌蚪等是南美白对虾养殖中常见的水生昆虫及敌害，不仅会争食饲料虑食大量藻类，而且会侵食虾苗，危害较大。

（2）防治措施：放苗前应检查水中是否有水蚤等敌害，如有应先杀灭，然后排干池水，7 天后及时进水投苗。在养殖过程中若发现有水蜈蚣等，可先用灯诱，然后捞除；发现有蝌蚪，及时捞除。

2. 亚硝酸盐中毒症

（1）原因：由于池水中积累的亚硝酸盐浓度过高而引起的。池水中氨态氮含量过高，氧气不足，氧化过程慢，氨→亚硝酸→硝酸的转化过程进行不顺利，就会导致亚硝酸氮积累。发生亚硝酸盐中毒。除亚硝酸盐浓度高外，pH 值也是一个相关条件，pH 值过高，毒性相对较小。

（2）防治措施：使用"超级硝化细菌"或"硝化宝"，严重的可使用"降压应激解毒宝（活性炭）"和使用"底珍"＋"粒粒氧"，清除底部杂物，加大底部的溶氧量。

3. 软壳病

（1）原因：投饵不足，对虾长期处于饥饿状态；池水 pH 值升高及有机质下降，使水体形成不溶性的磷酸钙沉淀，虾不能利用磷；换水量不足或长期不换水。杀虫剂可抑制甲壳中几丁质的合成，有机磷杀虫剂也可引起对虾的软壳病。

（2）症状：病虾甲壳薄而软，活力差，体色灰暗，生长缓慢。

患病虾的甲壳薄而软，与肌肉分离，易剥落，活动缓慢，体色发暗，常于池边慢游。体长明显小于正常虾。

（3）防治方法：饲料内添加"离子钙"，每隔半个月全池泼洒"硬壳精华素"。

4. 痉挛病（抽筋）

（1）原因：缺乏钙、磷、镁及 B 族维生素等，水体透明度过高，水中钙磷比例失调，高温或受惊引起。

（2）症状：病虾躯干弯曲，背部弓起，僵硬，无弹跳力，不久死亡。

（3）防治方法：使用"光合细菌"将透明度控制在 30～40 厘米；饲料内适当补充添加钙、磷及维生素 B 等微量元素。雨前雨后使用"水维生"。

5. 蓝藻、甲藻中毒

（1）原因：池内微囊藻或甲藻过量繁殖，使透明度降至 20 厘米以下。当藻体大量死亡时产生大量毒素，会引起对虾中毒死亡。

（2）防治方法：①控制投饲量，以免残饵积累太多；②使用"溶藻芽孢杆菌"全池泼洒，连用两次；③及时使用"康泰"进行水体解毒。注意，用药期间容易缺氧，必须开启增氧机增氧，以防泛塘。

附件　光合细菌培养方法

1　培养基及培养方法

1.1　光合细菌培养基市场购买或自配。

1.2　培养基配方及培养方法：醋酸钠 500 克；食盐 50 克；磷酸二氢钾 40 克；硫酸铵 25 克；硫酸镁 10 克；酵母膏 1 克；自来水 50 升。按 1：1 接种光合细菌菌种，用乳白色或透明容器在 40～60 瓦白炽灯或自然光下培养 4～6 天。培养的成品可作为菌种继续培养。

2　培养注意事项

光合细菌培养时应注意以下事项：

a）培养液应满桶后盖上，不得搅动，尽可能减少空气中氧气溶入培养液中，影响光合细菌纯度；

b）避免高温暴晒；

c）用干净水配制培养液；

d）光合细菌菌种不纯时及时更换。

3　光合细菌的使用

3.1　作用与用途

光合细菌作用与用途如下：

a）快速降解水中氨氮、亚硝酸盐和硫化氢等有害物质，调节 pH 值；

b）分解水中残饵、粪便、动植物尸体等有机物，净化水质；

c）促进有益藻类的生长繁殖，维持藻相平衡，防止有害藻类过度繁殖；

d）有利于养殖动物的消化吸收，促进生长发育，提高机体免疫功能；

e）水域初级生产者，厌氧层和兼性厌氧层的初级生产者。

3.2　主要成分

沼泽红螺假单胞菌，每毫升有效菌落数≥$5.0×10^8$。

3.3　用法及用量

3.3.1　外用，全池均匀泼洒。培水：2～3升/（亩·米），配合生态培藻灵及肥水产品，效果更佳。

3.3.2　调水。养殖前期：防止池水突然变清或变浓，2～3升/（亩·米）；养殖中期：3～4升/（亩·米），每15天左右一次，可调节水色，保持水质稳定；养殖后期：4～5升/（亩·米），能够改善水质，改良底质，配合底净使用效果更佳。

4　注意

光合细菌使用应注意以下事项：

a）请尽量在晴天上午应用；

b）若池塘已使用消毒剂，须间隔3～5天后使用，以免失效；

c）作为饲料添加剂使用不宜经过粉碎，或经高温加热。

图书在版编目（CIP）数据

南美白对虾生态养殖 / 廖伏初，汤江山主编. -- 长沙 : 湖南科学技术出版社，2020.5

（现代生态养殖系列丛书）

ISBN 978-7-5710-0342-5

Ⅰ．①南… Ⅱ．①廖… ②汤… Ⅲ．①对虾养殖－生态养殖 Ⅳ．①S968.22

中国版本图书馆 CIP 数据核字(2019)第 213640 号

现代生态养殖系列丛书

NANMEI BAIDUIXIA SHENGTAI YANGZHI

南美白对虾生态养殖

主　　编：廖伏初　汤江山

责任编辑：李　丹

出版发行：湖南科学技术出版社

社　　址：长沙市湘雅路 276 号

　　　　　http://www.hnstp.com

印　　刷：长沙鸿和印务有限公司

　　　　　（印装质量问题请直接与本厂联系）

厂　　址：长沙市望城区普瑞西路 858 号金荣企业公园 C10 栋

邮　　编：410200

版　　次：2020 年 5 月第 1 版

印　　次：2020 年 5 月第 1 次印刷

开　　本：850mm×1168mm　1/32

印　　张：3.75

字　　数：113000

书　　号：ISBN 978-7-5710-0342-5

定　　价：25.00 元